FORTSCHRITTE IM INTEGRIERTEN PFLANZENSCHUTZ

Herausgegeben von Dr. H. Steiner, Stuttgart

Band 1

AKTUELLE PROBLEME IM INTEGRIERTEN PFLANZENSCHUTZ

DR. DIETRICH STEINKOPFF VERLAG
DARMSTADT 1975

AKTUELLE PROBLEME IM INTEGRIERTEN PFLANZENSCHUTZ

Vorträge der 2. Sitzung des Arbeitskreises „Integrierter Pflanzenschutz"
der Deutschen Phytomedizinischen Gesellschaft, Wilhelmsbad bei Hanau,
6. – 7. November 1972

Herausgegeben von

Dr. H. Steiner

Stuttgart

Mit 6 Abbildungen und 5 Tabellen

DR. DIETRICH STEINKOPFF VERLAG
DARMSTADT 1975

© 1975 by Dr. Dietrich Steinkopff Verlag, Darmstadt

ISBN-13: 978-3-7985-0391-5   e-ISBN-13: 978-3-642-72311-7
DOI: 10.1007/978-3-642-72311-7

Vorwort des Herausgebers

In den letzten Jahren hat der Integrierte Pflanzenschutz an Bedeutung gewonnen. Dies weniger in der Praxis als vielmehr in Debatten über Nutzen und Gefahren des Pflanzenschutzes und über dessen Rolle als umweltbelastender Faktor. Zwar gibt es eine umfangreiche Literatur über das neue Verfahren, doch ist sie in zahlreichen Zeitschriften über die ganze Welt verstreut und deshalb für den daran Interessierten kaum auffindbar. Eine spezielle Zeitschrift für Integrierten Pflanzenschutz existiert nicht.

Die Anregung des Verlags, eine Schriftenreihe über dieses Pflanzenschutzverfahren herauszugeben, ist deshalb mit Interesse aufgenommen worden. Zeigte sich doch in der letzten Zeit, daß es durch den Mangel an objektiver Information leicht Meinungsverschiedenheiten zwischen den am Pflanzenschutz beteiligten Gruppen geben kann. Es ist hervorzuheben, daß die Entwicklung des Integrierten Pflanzenschutzes und seine bisherige Anwendung im Rahmen des offiziellen Pflanzenschutzdienstes erfolgte, was allerdings nicht heißt, daß der Pflanzenschutzdienst allgemein jetzt schon den Prinzipien des Integrierten Pflanzenschutzes folgt. Immerhin ist von den Ergebnissen, Erkenntnissen und Methoden dieser kleinen „integrierten" Gruppe von Wissenschaftlern schon vieles Allgemeingut geworden. Nicht zuletzt hat die enge und reibungslose internationale Zusammenarbeit auf diesem Gebiet zu den Erfolgen beigetragen.

Das vorliegende erste Heft dieser Reihe weist noch manche Mängel auf, die der Leser verzeihen möge. Sie werden nach Überwindung der Anlaufschwierigkeiten beseitigt werden. Insbesondere wird die Veröffentlichung der Beiträge künftig rascher erfolgen, als dies bei den vorliegenden Vorträgen möglich war. Vorgesehen ist auch eine Besprechung der wichtigsten neueren Veröffentlichungen auf diesem Gebiet.

Dieses erste Heft wurde mit Unterstützung durch die Deutsche Phytomedizinische Gesellschaft gedruckt, wofür ihr an dieser Stelle gedankt sei. Mein besonderer Dank gilt dem Verlag für seine Anregung und seine Hilfe.

Stuttgart, Sommer 1975   *H. Steiner*

Vereinfachte Fassung der FAO-Definition der Integrierten Schädlingsbekämpfung (IOBC/WPRS, 1973)

Ein Verfahren, bei dem alle wirtschaftlich, ökologisch und toxikologisch vertretbaren Methoden verwendet werden, um Schadorganismen unter der wirtschaftlichen Schadensschwelle zu halten, wobei die bewußte Ausnützung natürlicher Begrenzungsfaktoren im Vordergrund steht.

Inhalt

1. L. Brader

Die Internationale Organisation für Biologische Bekämpfung und die Tätigkeit ihrer Arbeitsgruppen für integrierte Bekämpfung

Die Internationale Organisation für Biologische Bekämpfung schädlicher Tiere und Pflanzen (OILB) ist 1950 gegründet worden, nachdem einige Spezialisten auf dem Gebiet der biologischen Schädlingsbekämpfung 1948 während eines Kongresses der Internationalen Union für Biologische Wissenschaften (IUBS) die ersten Schritte dazu unternommen hatten. Die Untersuchungen über die biologische Bekämpfung der Schädlinge durch entomophage Insekten, Bakterienpräparate, Virosen und Mykosen war in dieser Zeit schon in voller Entwicklung (Balachowsky, 1956). Der Gedanke lag nahe, dass auf diesem Gebiet nur gute Erfolge zu erzielen seien, wenn es zu einer internationalen Zusammenarbeit käme. Das Ziel der Organisation war damals - und ist es noch immer - der Austausch von Gedanken und Methoden zwischen den Wissenschaftlern und die Verbreitung der Idee der biologischen Schädlingsbekämpfung unter den offiziellen Autoritäten. Bei der Gründung der Organisation beschränkte sich die biologische Bekämpfung auf die Einführung von Parasiten und Prädatoren der Schädlinge; in den letzten Jahren sind auch andere Bekämpfungstechniken untersucht und näher auf ihre Anwendungsmöglichkeiten hin analysiert worden.

Die Organisation wurde in Westeuropa bald anerkannt und erhielt durch die Mitgliedschaft von mehr als 20 Staaten die Möglichkeit, einigen praktischen Initiativen Gestalt zu geben. Der Bestimmungsdienst für Insekten wurde 1956 gegründet und bald danach einige Arbeitsgruppen.

In diesen Arbeitsgruppen haben die an bestimmten Projekten beteiligten Wissenschaftler die Möglichkeit, sich regelmässig zu begegnen, um gemeinsam Probleme zu erörtern und Vorschläge für ihre Lösung zu machen. Aus der ersten Zeit kann die Arbeitsgruppe für die Biologische Bekämpfung der San José-Schildlaus, der Dacus oleae, der Ceratitis capitata und der Hyphantria cunea erwähnt werden. Die positiven Ergebnisse dieser Arbeitsgruppen und des Bestimmungsdienstes haben der Organisation einen weltweiten Ruf gegeben. Aus historischen und praktischen Gründen beschränkte sich die Aktivität jedoch auf Mittel-, West- und Südeuropa und die Länder Nordafrikas und Kleinasiens.

Vor einigen Jahren haben mehrere Wissenschaftler Schritte unternommen, der Organisation einen weltweiten Rahmen zu geben. Dabei war der Grundgedanke, in der neuen Organisation die Vorteile der OILB zu bewahren und zu nützen. Das heisst, die Arbeitsgruppen mit ihren Möglichkeiten, die Wissenschaftler regelmässig zusammenzubringen, sollten ihre zentrale Stelle behalten. Andererseits bietet eine weltweite Organisation noch mehr als zuvor die Möglichkeit, Kontakte mit anderen internationalen Gruppen aufzunehmen. Durch einige Änderungen

1

in den Statuten der OILB war es möglich geworden, diese neue
Struktur zu errichten. Diese Änderungen wurden von der 5.
Generalversammlung der OILB in Rom am 30. März 1971 angenommen
und ermöglichten die Gründung von Regional-Sektionen. Die
alte OILB wurde damit die Westpaläarktische Regional-Sektion
(Franz, 1972). Diese Änderungen hatten keine direkten Konse-
quenzen für die von unserer Regional-Sektion zu verfolgende
Politik. Unser Council ist noch immer der Ansicht, dass die
Arbeitsgruppen in der Organisation eine zentrale Bedeutung
haben.

ARBEITSGRUPPEN UND KOMMISSIONEN

Die Organisation hat heute 5 Kommissionen und 19 Arbeitsgruppen.

Kommissionen: Taxonomie der Entomophagen (Bestimmungsdienst)
Bekanntmachungen und Veröffentlichungen
Pathologie der Insekten und Mikrobiologische
Bekämpfung
Integrierte Bekämpfung
Genetische Bekämpfung

Die Aufgabe der Kommissionen ist es, die Gesamtpolitik der
Organisation festzulegen und die Gründung neuer Arbeitsgruppen
anzuregen. Die Arbeitsgruppen sind verantwortlich für die
Untersuchung der technischen Probleme ihres Teilgebietes. Sie
sollen Vorschläge für die Möglichkeit der Anwendung einer bestimmten Technik ausarbeiten. Wenn die Arbeitsgruppe das ihr
aufgetragene Problem gelöst hat, entweder im positiven oder im
negativen Sinne, wird sie aufgelöst.

DIE ARBEITSGRUPPEN UND IHRE TÄTIGKEIT

Biologische Bekämpfung tierischer Schädlinge in Olivenkulturen

Ihre grösste Aktivität entfaltet diese Gruppe in Griechenland,
Italien und Spanien. Das Hauptproblem ist die biologische
Bekämpfung der Olivenfliege (Dacus oleae), das seit einigen
Jahren in Zusammenarbeit mit der FAO bearbeitet wird.

Biologische Bekämpfung von Schildläusen und Mottenschildläusen (Aleurodina) in Zitruskulturen

Die Gruppe hat das Ziel, die verschiedenen im Mittelmeergebiet
angewandten Untersuchungsmethoden zu koordinieren, um eine
bessere Beurteilung der durch die Einführung von Parasiten
erzielten Ergebnisse zu ermöglichen.

Biologische Bekämpfung von Gramineenbohrern

Diese Gruppe ist während des letzten Internationalen Pflanzen-
schutzkongresses in Paris gegründet worden. Das Interessenge-
biet liegt nur zum Teil im Bereich der westpaläarktischen
Region. Deshalb wird die Gruppe wahrscheinlich in die Weltorganisation übergehen.

Mikrobiologische Bekämpfung von Lymantria dispar

Eine fruchtbare Zusammenarbeit von Spezialisten aus Jugoslawien
Italien, Frankreich und Spanien soll eine nähere Prüfung der
mikrobiologischen Bekämpfung von Lymantria dispar in den kom-
menden Jahren auf Sardinien ermöglichen.

Mikrobiologische Bekämpfung von Carpocapsa und Adoxophyes

Diese Gruppe wurde auf Wunsch der Arbeitsgruppe "Genetische
Bekämpfung von Carpocapsa und Adoxophyes" gegründet, die bei
der Zucht der beiden Wicklerarten hygienische Probleme hat
und eine bessere Kenntnis der Entomopathogene braucht.

Integrierte Bekämpfung im Obstbau

Das Agro-Ökosystem der Obstpflanzungen ist bestimmt eines
der kompliziertsten, insbesondere was die Fauna und die verschiedenen Krankheiten anbelangt. Trotzdem, oder vielleicht
deshalb, ist diese Arbeitsgruppe eine der wichtigsten unserer
Organisation. Ihre Aktivität im Apfelanbau ermöglichte bisher
die Veröffentlichung zweier Leitfäden zum integrierten Pflanzenschutz im Apfelbau, zwei weitere sind in Vorbereitung.
Heute ist es möglich, praktische Vorschläge für die integrierte
Bekämpfung der meisten tierischen Schädlinge in dieser Kultur
zu machen. Auch ein Anfang zur Lösung der Probleme der Pilzkrankheiten ist gemacht. Es wird bestimmt möglich sein, in
naher Zukunft Vorschläge zur Lösung dieser Probleme vorzule-
gen, womit ein Schema für die integrierte Bekämpfung im Apfelbau realisiert werden kann.

Integrierte Bekämpfung in mediterranen Wäldern

Im Gegensatz zur obengenannten Gruppe war es hier möglich,
die ganze Aufmerksamkeit nur einem einzigen Schädling zu
widmen: Thaumetopoea pityocampa (Pinienprozessionsspinner).
Die Gruppe hat ihre grösste Aktivität in Spanien, Südfrank-
reich und Italien. Die Untersuchungen haben sich auf die Analyse der verschiedenen Faktoren der Populationsdynamik dieses
Insekts konzentriert.

Integrierte Bekämpfung in Gewächshäusern

Im Gurken- und Tomatenanbau unter Glas kann die integrierte
Schädlingsbekämpfung schon angewandt werden. Dazu wird
Phytoseiulus persimilis zur Bekämpfung von Tetranychus
urticae eingesetzt und Encarsia formosa zur Bekämpfung der
weissen Fliege, Trialeurodes vaporariorum. Die Optimierung
der Produktion dieser Prädatoren und Parasiten wird heute
näher untersucht, gleichzeitig die Anwendungsmöglichkeiten
dieses Systems in anderen Kulturen.

Integrierte Bekämpfung in Brassica-Pflanzungen

Das Programm dieser Gruppe ist auf Grund einer Enquete nach
der ökonomischen Bedeutung der Brassica-Kultur in verschiedenen Ländern und seiner wichtigsten tierischen Schädlingen
aufgestellt worden. Die Gruppe anerkennt die Notwendigkeit

3

der Anwendung von Insektiziden, doch wird versucht, selektivere
Mittel zu den günstigsten Terminen anzuwenden. Die Gruppe ar-
beitet eng mit der Gruppe für genetische Bekämpfung von
Hylemyia zusammen.

Integrierte Bekämpfung im Boden

Bei ihrer ersten Versammlung hat sich die Gruppe vorwiegend
mit der Diskussion über Nematoden befasst, wobei der Einfluss
der Kulturmassnahmen im Mittelpunkt stand. In der nächsten
Sitzung wird über die Bodentiere allgemein zu sprechen sein,
wobei man versuchen wird, die ökonomische Bedeutung der verschiedenen Arten näher zu analysieren.

Die Arbeitsgruppen für Integrierte Bekämpfung in Baumwolle
und im Getreidebau sind erst vor kurzer Zeit gegründet worden
und müssen ihre Arbeitsrichtungen noch näher festlegen.

Genetische Bekämpfung von Carpocapsa und Adoxophyes

Die Arbeit dieser Gruppe wurde von entsprechenden Untersuchungen in den USA und Kanada angeregt. Die dabei aufgetretenen
methodischen und wirtschaftlichen Probleme machen es wahrscheinlich, dass diese Gruppe ihre Arbeitsrichtung ändern wird.

Genetische Bekämpfung der Kirschfliege

Die Untersuchung dieser Bekämpfungsmethode in der Tschecho-
slowakei, in Österreich, Deutschland und in der Schweiz hat,
nicht zuletzt durch die gute Zusammenarbeit der Forscher,
gute Fortschritte gemacht und viel zum besseren Verständnis
dieses Problems beigetragen.

Genetische Bekämpfung der Mittelmeerfruchtfliege

Obwohl gewisse Fortschritte gemacht worden sind, ist noch zu
prüfen, ob Ceratitis capitata unter allen mediterranen Verhältnissen mit dieser Methode erfolgreich bekämpft werden
kann. Es wird versucht, die innerhalb der Gruppe laufenden
Untersuchungen so gut wie möglich zu koordinieren, vor
allem bezüglich der Zucht und der Ökologie dieses Insekts.

Genetische Bekämpfung der Hylemyia-Arten

Vor allem die Bekämpfung der Zwiebelfliege und der Kohlfliege
wird von dieser Gruppe untersucht. Gute Ergebnisse können in
der nächsten Zeit bei der genetischen Bekämpfung der Zwiebelfliege erwartet werden. Dabei wird für die Wirtschaftlich-
keit dieser Methode die Lösung des Problems der Zucht der
Fliege entscheidend sein.

Genetische Methoden für die Bekämpfung tierischer Schädlinge

Es handelt sich um eine Gruppe, die die mehr oder weniger
verschiedenen neuen Untersuchungsergebnisse auf ihre praktische Anwendbarkeit hin untersucht.

4

Einige der Arbeitsgruppen haben bestimmt schon den Nachweis ihrer Nützlichkeit erbracht, sie haben einen guten Gedankenaustausch ermöglicht, und insbesondere dort, wo Gesamtprogramme ausgearbeitet wurden, in kurzer Zeit praktische Erfolge erzielt.

LITERATUR:

Balachowsky, A.S. 1956. La Commission Internationale de Lutte Biologique contre les Ennemis des Cultures (C.I.L.B.). Entomophaga 1:5-18.

Franz, J.M. 1972. Gründung einer Weltorganisation für Biologische Schädlingsbekämpfung. Nachr.bl.dt.Pflschutzd. 24,H.6.

Anschrift des Verfassers: Dr. L. BRADER

Instituut voor Planzenziektenkundig Onderzoek
Binnenhaven 12
WAGENINGEN (NL)

2. *J. Bosch*
Der Trophische Effekt und seine Bedeutung für den Integrierten Pflanzenschutz
(Mit 1 Abbildung)

Auch in der Pflanzenschutzliteratur werden durch ständige
Wiederholungen neue Begriffe geprägt. "Trophobiose" und
"trophischer Effekt" sind zwei gängige Ausdrücke für ein
Phänomen geworden, das in früheren Jahren noch mit vielerlei
Formulierungen umschrieben wurde (Chaboussou, 1972).

Da im Deutschen das Wort "Trophobiose" bereits vergeben
ist, bleiben wir beim "trophischen Effekt", den man definie-
ren könnte als "Förderung oder Hemmung schädlicher Orga-
nismen an Kulturpflanzen durch Änderung ihrer Nahrungsqua-
lität". Das heisst also, dass die jeweiligen Ernährungs- und
Infektionsbedingungen für tierische und pflanzliche Parasiten
nicht nur von vornherein festgelegt und gleichbleibend sind,
sondern sich bei ein und derselben Pflanze auch noch nachträglich ändern können. Gleichbleibende, weil genetisch bedingte
Eigenschaften, sind Sorten- und individuelle Unterschiede.
Als veränderliche Faktoren kommen dazu die Begleitumstände
und Bedingungen der jeweiligen Kultur, Standort, Düngung,
Kultur- und Pflanzenschutzmassnahmen, die alle die Pflanze
in dem genannten Sinne beeinflussen können. Das gilt natürlich auch für andere Resistenzfaktoren, denn genaugenommen
ist der trophische Effekt nur ein Teil dessen, was wir
Resistenz der Pflanze gegen Schädlinge nennen. Man könnte
den trophischen Effekt auch einen passiven und fakultativen
Resistenzfaktor nennen - im Gegensatz zu den aktiv gegen die
Parasiten entwickelten Schutz- und Abwehreinrichtungen. Der
trophische Effekt macht sich im allgemeinen auch nur bemerkbar, wenn er positiv ist, d.h. die Schädiger fördert und die
Resistenz der Pflanze schwächt. Selbst dann ist es immer
noch schwer genug, ihn als solchen zu erkennen und von den
anderen resistenzmindernden oder schädlingsfördernden Vorgängen zu unterscheiden. Dies können zwei Beispiele aus dem
Obstbau ein wenig verdeutlichen, die schon lange vermuten
liessen, dass hier trophische Faktoren einer Schädlings-
förderung zugrunde liegen:

1. Das Rätsel der Schädlichkeit von Adoxophyes orana F.R.
und einiger anderer Wicklerarten in gut gepflegten Apfelanlagen (und nur dort!) und

2. das weltweite Spinnmilbenproblem, das in sehr vielen
Kulturen, so auch in unseren Obstanlagen auftritt, Haupt-
schädling ist hier Panonychus ulmi Koch.

Ich möchte den Beweis vorläufig noch schuldig bleiben und
die Behauptung vorwegnehmen, dass nach unseren heutigen
Einsichten in beiden Fällen ein trophischer Effekt im Spiel

---

* Mit Unterstützung durch die Deutsche Forschungsgemeinschaft und das Bundesministerium für Ernährung, Landwirtschaft und Forsten, Bonn.

ist, der aber mehr oder weniger stark von schädlingsbegren-
zenden Faktoren überlagert wird. Bei Adoxophyes überwiegt
die kulturbedingte Förderung meist das Potential der Nützlinge. Bei Panonychus sind die natürlichen Feinde, wenn
vorhanden, imstande die trophische Förderung zu kompen-
sieren. (Van de Vrie, 1970). Fehlen sie jedoch, so kommt
es zu umso stärkeren Übervermehrungen. Deshalb werden sich
extreme Anhänger der Nützlingstheorie und die Verfechter
des Trophobiosegedankens noch lange Gefechte darüber liefern,
was eigentlich die Ursache der Milbengradation ist. Eine
objektive Entscheidung können nur Experimente herbeiführen,
die beide Möglichkeiten berücksichtigen und auseinanderhalten.

Wenige Beispiele und Resultate aus der inzwischen gewaltig
angewachsenen Literatur über dieses Thema mögen nicht nur
zeigen, dass es trophische Wirkungen überhaupt gibt - das
lässt sich schon am grünen Tisch vorhersagen - sondern wo
überall sie hineinspielen, wodurch sie ausgelöst und über welche Mechanismen sie wirksam werden.

Ausgangspunkt und Grundlage für ein besseres Verständnis können Beobachtungen über die ernährungsphysiologischen Präfe-
renzen und Bedürfnisse von tierischen Schädlingen, sowie die
mit physiologischen Zuständen der Pflanze gekoppelten Infek-
tionsoptima parasitischer Pilze sein. Bei aller Vielfalt
der einer Unzahl von Arten und Anpassungen entsprechenden
Bedürfnisse lassen sich im Bereich unserer Kulturpflanzen-
und Forstschädlinge doch etliche Regeln und Gemeinsamkeiten
herausschälen, auf die wir uns hier beschränken müssen:

Spinnmilben und die saugenden Homopteren, aber auch blatt-
fressende Insekten reagieren oft positiv auf stickstoff-
reiche Standorte ihrer Futterpflanzen. Sie erfahren folglich
auch eine (künstliche) Förderung durch entsprechende Düngung.
Darüberhinaus kann man experimentell einen positiven Zusammenhang zwischen Stickstoffzufuhr und einer Zunahme des Ge-
haltes der Pflanzen an Gesamtstickstoff, freien Aminosäuren
und bestimmten Zuckern finden - physiologische Veränderungen
also, die man mit Recht für eine bessere Entwicklung der
Phytophagen verantwortlich machen darf. Diese Abhängigkeiten
sind selten so, dass man sagen könnte "je mehr oder je weniger, desto besser". Meist findet man von Art zu Art wechselnde
Optima, die, wenn sie nach oben oder unten überschritten
werden, den trophischen Effekt wieder schwinden lassen. Das
schnelle Reagieren der Spinnmilbe Panonychus ulmi auf ge-
steigerte Stickstoffdüngung ist leicht im Labor, aber auch
an sauber durchgeführten Freilandversuchen nachzuweisen,
wo es - dem bereits Gesagten zufolge - nur zu einer gedämpf-
ten Vermehrungssteigerung kommt (Hamstead und Gould, 1957).
Saugende Insekten verhalten sich ähnlich:

Die Baumwoll-Laus Aphis gossypii Glover und die auf Zucker-
rohr lebende Zikade Pyrilla perpusilla Wlk. vermehrten sich
trotz (oder wegen?) Schädlingsbekämpfung auf gut gedüngten
Parzellen besonders stark (Beckham, 1970 und Gupta et al.,
1970). Aber auch bei dem Rüssler Anthonomus grandis Boh.
und der Eule Heliothis zea Boddie, beide an Baumwolle, konnte

So ist nach Gäumann (1951) auch die höhere Anfälligkeit der
Getreidearten gegen die verschiedenen Rostpilze im Zustand
optimalen Wachstums nicht primär trophisch bedingt. Zwar
profitieren die Erreger sekundär vom gehobenen Niveau der
verschiedenen Nähr- und Inhaltstoffe, ihr Angriff wird aber
erst ermöglicht durch die spezifisch geschwächte Abwehrlage
vitaler Pflanzen, durch das Ausbleiben der hyperergischen
Reaktion. Diese ist bei Kümmerpflanzen viel stärker und
schützt sie somit vor der Infektion.

Das Stichwort "Pflanzenschutzmittel" ist bereits gefallen.
Können auch sie trophische Effekte auslösen?
Zur Beantwortung muss ich auf das eingangs Gesagte verwei-
sen und daran erinnern, dass zur Unterscheidung der verschiedenen Ursachen von Nebenwirkungen auf tierische Schädlinge
besondere Versuchsanstellungen notwendig sind. Wir können
also sicher nicht alle in der Literatur gemeldeten Vermeh-
rungsförderungen von phytophagen Arthropoden dem trophischen
Effekt anlasten. Immerhin hat Chaboussou einen solchen in
einigen Fällen begründen können. Die Spinnmilben Eotetranychus
carpini vitis Boisd. und Panonychus ulmi Koch vermehren sich
auf Reben unter dem Einfluss von gewissen Fungiziden und Insektiziden schneller als ohne Behandlung. Die gegen den falscheı
Mehltau der Reben eingesetzten Mittel Maneb, Zineb und Propi-
neb fördern die Erkrankung der Pflanzen am echten Mehltau.

Chemische Analysen der Pflanzen zeigen beträchtliche Unterschiede im Zucker-, Stickstoff- und Mineralstoffgehalt
zwischen Behandelt und Unbehandelt. Auch Schruft (1973)
hat Übervermehrungen von Panonychus ulmi an Reben beschrie-
ben, die allein auf das Konto der Behandlungen (z.B. mit
Kupfer oder Folpet) gehen.

Wir selbst haben mit den verschiedensten Pflanzenschutzmitteln im Labor eine Förderung von Panonychus ulmi erzielt,
die von Steigerungen des Gesamtstickstoff-, Aminosäuren-
und Zuckergehaltes der Blätter begleitet war (Abbildung 1).
Mit dem systemischen Fungizid Triforine (Saprol)
allerdings erhielten wir noch 3 Wochen nach Applikation
eine Hemmung der Milben, die mit einer Verminderung der genannten Inhaltstoffe korrelierte.

Welche Folgerungen hat all dies für den Integrierten Pflanzenschutz?

Zuerst einmal darf man der Hoffnung Ausdruck geben, dass das
Wissen um die vielfältigen trophischen Effekte jeden guten
Pflanzenschützer das Richtige tun lässt. Trophische Einflüsse
machen sich in intensiv behandelten Kulturen am unangenehmsten
bemerkbar, vor allem dann, wenn pflanzenschutzmittel-resi-
stente Schädlinge anwesend sind. Das Bestreben, im Integrierten Pflanzenschutz Spritzungen einzusparen, hilft trophische
Effekte aus dieser Richtung zu vermeiden, während ein stabiles
Ökosystem von anderer Seite induzierte Übervermehrungen ab-
puffern kann.

Auf dem Sektor chemische Behandlungen gehen also die Bemühungen zur Verhinderung trophischer Effekte und die allge-

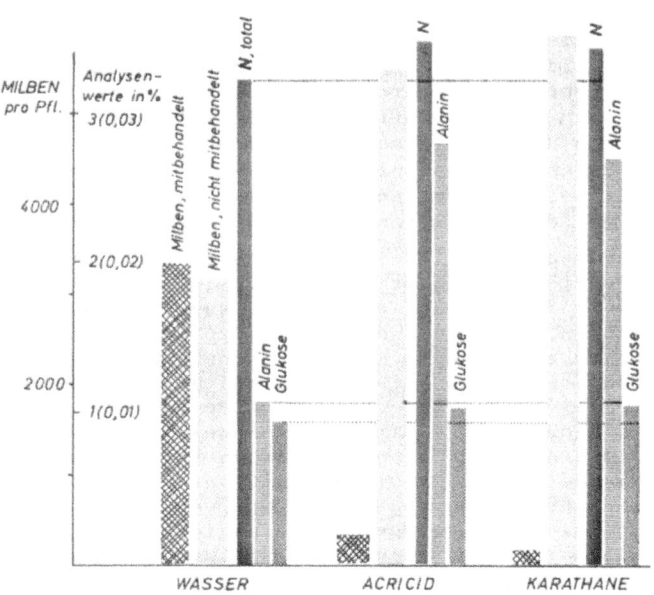

Abb. 1: Blattinhaltstoffe und Vermehrung von Panonychus ulmi
Koch nach Behandlung von Apfelpflanzen mit Binapacryl
(Acricid) und Dinocap (Karathane) im Vergleich zur
wasserbehandelten Kontrolle.

Versuchsdaten: Apfelabrisslinge M4 in Torfkultursub-
strat im Labor bei Kunstlicht von ca. 2000 lux,
5 Behandlungen innerhalb 14 Tagen. 2 Wochen nach
letzter Behandlung Milben ausgesetzt (500 pro Pflanze)
und Analysenproben genommen. Nach weiteren 4 Wochen
Zählung der Milben. Zur Demonstration der akariziden
Direktwirkung erhielt eine weitere Gruppe nach dem
Aussetzen der Milben noch 2 Behandlungen zusätzlich.

meinen Tendenzen des Integrierten Pflanzenschutzes konform.
Obwohl dies definitionsgemäss ganz allgemein gelten müsste,
können auf anderen Gebieten bei Einzelmassnahmen die Produk-
tionsziele der Erzeuger und die Empfehlungen zur Vermeidung
der Förderung von Schädlingen einander zuwiderlaufen: Die
Ziele der Resistenzzüchtung vertragen sich häufig nicht mit
den Sortenansprüchen des Marktes und den Ertragserwartun-
gen der Produzenten. Genauso ist es mit der Düngung: Die
Kenntnis der trophischen Wirkungen mahnt hier zu grösster
Zurückhaltung, die Absicht, hohe Erträge zu erzielen, spornt
viele Bauern aber immer noch dazu an, des Guten zuviel zu
tun. Hier kann man nur zu Kompromissen raten, die nach reif-
lichem Abwägen von allem Für und Wider schliesslich den
grösstmöglichen Effekt bringen, der nicht immer mit Höchst-
erträgen identisch sein muss.

LITERATUR:

Beckham, C.M. 1970. Effect of nitrogen fertilization on the abundance of cotton insects. J. Econ. Ent. 63:1219-1220

Chaboussou, F. 1967. Etude de répercussions de divers ordres entrainées par certains fongicides utilisés en traitement de la vigne contre le mildiou. Vignes et Vins, No. 160+164

Chaboussou, F. 1969. Répercussions de divers fongicides utilisés contre le mildiou de la vigne sur les populations de l'araigneé jaune (Eotetranychus carpini vitis Boisd.), la biochimie des tissus foliaires-de la vigne, l'importance et la qualité de la vendange. Revue de Zool. Agric. Appl. No. 4-6, 75-91

Chaboussou, F. 1971. La trophobiose et la protection de la plante. Le Fruit Belge 356:29-35

Gäumann, E. 1951. Pflanzliche Infektionslehre. Verlag Birkhäuser Basel

Gupta, R.L. u.a. 1971. Causes leading to the severe multiplication of sugarcane leaf hopper (Pyrilla perpusillus Wlk.) and suggestions for its control. Indian Sugar 21(4): 327-332

Horsfall, J.G. and A.E. Dimond. 1957. Interactions of tissue sugar, growth substances and disease susceptibility. Z. Pfl. Krankh. u. Pfl.Sch. 64:415-421

Huffaker, L.B., M. van de Vrie, and J.A. McMurtry. 1970. Ecology of tetranychid mites and their natural enemies : a review. Hilgardia 40(11):331-458

Janke, L. 1970. Einfluss von Stickstofform und Stickstoffmenge auf die Stärke des Mehltauauftretens an Getreide. Nachr.bl.d.Pfl.Sch.-dienst (Berlin) 24:236-240

Klett, M. 1972 ? Untersuchungen über Licht- und Schattenqualität in Relation zum Anbau und Test von Kieselpräparaten zur Qualitätshebung. Abschlussbericht an die Stiftung Volkswagenwerk aus dem Institut für biologischdynamische Forschung, Darmstadt.

Muse, R.R. 1972. Influence of nutrition on the development of Helminthosporium red leaf spot on Seaside bentgrass. 64. Annual meeting of the American Phytopathological Society, Mexico City (6.-10.8.72). Ref. in Phytopathology 62(7):780

Mygind, H. 1970. Einige den Mehltaubefall auf Getreide beeinflussende Faktoren (Übers.a.d. Dän.). Tidsskr. Pl. Avl. 74:177-195

Todd, J.W., M.B. Parker und T.P. Gaines. 1972. Populations of mexican blan beetles in relation to leaf of nodulating and non-nodulating Soy beans. J.Econ.Ent. 65(3):729-731

Salama, H,S., A.H. Amin und M. Hawash. 1972. Effect of nutrients supplied to citrus seedlings on their susceptibility to infestation with scale insects Aonidiella anrantii and Lepidosaphes beckii (Coccoidea). Z.ang.Ent. 71(4):395-405

Schruft, G. 1972. Effects secondaires de fongicides agissant sur les acariens sur vigne. OEPP/EPPO Bull.No.3, 57-63

Schruft, G. und M. Oesterreich. 1973. Versuche zur Analyse von Nebenwirkungen der Fungizide Folpet und Mancozeb auf die Populationsdichte.der Obstbaumspinnmilbe Panonychus ulmi Koch an Reben. Z.ang.Ent. 73(2):181-196

Schwenke, W. 1961. Walddüngung und Schadinsekten. Anz. Schädlingskde. 34:129-134

Schwenke, W. 1962. Über die Beziehungen zwischen dem Wasserhaushalt von Bäumen und der Vermehrung blattfressender Insekten. Z.ang.Ent. 51:371-376

Schwenke, W. 1968. Neue Hinweise auf eine Abhängigkeit der Vermehrung blatt- und nadelfressender Forstinsekten vom Zuckergehalt ihrer Nahrung. Z.ang.Ent. 61(4):365-369

Vidhyasekaran, P. 1974. Finger millet helminthosporiose - a low sugar disease. Z.f.Pfl.Krankh. und Pfl.Sch. 81(1):28-38

White, T.C.R. 1969. An index to measure weather - induced stress of trees associated with outbreaks of Psyllids in Australia. Ecology 50(5):905-909.

Anschrift des Verfassers: Dr.J.BOSCH
Landesanstalt für Pflanzenschutz
7000 STUTTGART 1
Reinsburgstr. 107

3. *G. Neuffer*
Pheromone und sterile-male-Technik (Selbstvernichtungsverfahren) im Integrierten Pflanzenschutz (Mit 2 Abbildungen)

In dem Buch: "Biologische Schädlingsbekämpfung" von Franz und Krieg (1972) werden die verschiedenen im Titel genannten Verfahren der Schädlingsbekämpfung: Pheromone, Selbstvernichtungsverfahren, Integrierter Pflanzenschutz in 3 besonderen, allerdings in enger Beziehung zu einander stehenden Kapiteln behandelt. Die Pheromone repräsentieren dabei den von Franz 1964 eingeführten und auch heute allgemein benutzten Sammelbegriff "biotechnische Verfahren".

Bei ökologischen Untersuchungen an Schädlingsgruppen, wie beispielsweise an den Wicklern (Tortricidae) im Obstbau, stellt man fest, dass die im Lehrbuch aufgeführten Verfahren, Untersuchungsmethoden oder Anwendungspraktiken ineinander greifen, oder besser, integriert werden müssen, um Zusammenhänge klären und damit praktische Zielvorstellungen anvisieren zu können. Deshalb folgen hier zuerst die Begriffserläuterungen, ehe auf praktische Verfahrens-Anwendungen im integrierten Pflanzenschutz eingegangen wird. Das Schwergewicht wird auf die Pheromone gelegt, weil die sterile-male-Technik allgemein schon bekannter ist.

1. Pheromone. Nach K. Mayer (1968) wurden 1959 von Kirschenblatt die spezifischen Eigenlockstoffe bei Insekten als "Telergone" = Fernwirkstoffe bezeichnet. Karlson und Lüscher stellten diese Stoffe im gleichen Jahr (1959) ihrer biologischen Aktivität wegen ebenfalls in Beziehung zu den Hormonen. Für die sogenannten "Exohormone" führten sie die heute eingebürgerte Bezeichnung: "Pheromone" ein. Aus der Menge der Pheromone seien hier nur die besonders interessierenden Sexual-Pheromone herausgegriffen.

Sexual-Pheromone = Sexual-Lockstoffe regulieren zwischenindividuelle Beziehungen, sie sind daher bei gesellig lebenden Tieren am stärksten entwickelt (Ameisen, Bienen, Mäusen, Ratten). Sie wirken auf den anderen Geschlechtspartner, um ihn anzulocken und zur Kopulation zu veranlassen. Am häufigsten scheiden Weibchen Sexual-Pheromone aus. Sie sind in ausserordentlich geringen Mengen wirksam. Als Beispiel wird die amerikanische Schabe Periplaneta americana genannt, bei der noch 10 - 14 Mikrogramm weiblicher Sexuallockstoff, was etwa 30 Molekülen entspricht, positive Reaktionen beim Männchen auslösen soll (Jacobson 1967). Das bedeutet: Pheromone sind mehr oder weniger spezifische Fernhormone, die durch fremde Gerüche in ihrer Wirksamkeit kaum beeinträchtigt, häufig noch über Kilometer hinweg vom Geschlechtspartner wahrgenommen werden. (Chin. Seidenspinner Actias selene über 11 km, Schwammspinner Lymantria dispar 3,8 km, Nonne Lymantria monacha 200 - 300 Meter).

---

*) Mit Unterstützung des Bundesministeriums für Ernährung, Landwirtschaft und Forsten, Bonn

Nach ersten Versuchen (1913) mit eingefangenen unbegatteten Weibchen beim Schwammspinner (Lymantria dispar) verwendete man Lockstoff-Extrakte aus Falter-Weibchen, bis Butenandt und seinen Mitarbeitern 1961 die erste Isolation und Identifikation eines Sexuallockstoffes beim Seidenspinner Bombyx mori gelang. Nach Ritter (1971) waren allerdings noch bis 1969 Isolationen und Bestimmungen selten. Eine Reihe früherer Berichte seien sogar später wieder zurückgezogen worden in der Annahme, man habe sich geirrt.

In den letzten Jahren nun sind aber auf dem Gebiet der Bestimmung und Synthese von Insekten-Pheromonen im allgemeinen und von Sexual-Pheromonen bei Lepidopteren im besonderen grosse Fortschritte erzielt worden. Das aufregende Pheromonfeld hat, um bei Ritter zu bleiben, nach anfänglich mehr akademischem nun auch praktisches Interesse gefunden. Das Bekanntwerden verhältnismässig vieler Zusammenhänge auf dem Lockstoffgebiet und die mögliche Synthese von Sexual-Pheromonen führte bereits zu praktischen Freilandarbeiten. Die zahlreichen Probleme jedoch, die trotzdem hier noch zu lösen sind, können in diesem Rahmen nicht einmal erwähnt werden, weil sie ihn sprengen würden.

Chemisch soll es sich bei den meisten Lepidopteren-Sexualpheromonen um relativ einfache Komponenten handeln: gerade oder verzweigte Ketten gesättigter oder ungesättigter Alkohole oder Säuren, mit 12 bis 16 Kohlenstoff-Atomen und ihre Ester. Häufige Bestandteile sind nach Literaturangaben Acetate von ungesättigten Alkoholen mit 12 bis 14 C-Atomen. Einzelheiten seien hier erspart, man kann sie bei Ritter (1971), Roelofs und Mitarbeitern (1970), Jacobson und Mitarbeitern (1970) oder im Literaturverzeichnis bei Mayer (1968) nachlesen, um nur einige der umfangreichen Literaturstellen zu nennen. Als Beispiele seien genannt: die Sexualpheromone von

Adoxophyes reticulana (orana), Apfelschalenwickler:
cis-9- und cis-11-dodecenyl-acetate im Verhältnis 9:1
(A.K. Minks, mündliche Mitteilung)

Laspeyresia (Carpocapsa) pomonella, Apfelwickler:
trans-8-trans-10-dodecadien-1-ol

Grapholitha funebrana, Pflaumenwickler:
cis-8-dodecenyl-acetate

Der Einsatz von Sexual-Lockstoffen ist mannigfaltiger Art. Als Köder in Fallen finden Pheromone im Prognose- oder Warndienst Verwendung, um damit den Populationsverlauf eines Schädlings zu erfassen. Das Ziel dabei ist, zum richtigen Zeitpunkt Gegenmassnahmen gegen aufkommende Schäden ergreifen zu können. Andere Autoren meinen, in isolierten Gebieten könnte durch Anlocken und Abfangen von Männchen eine spürbare Reduktion des Schädlingsbefalls und damit des Schadens erreicht werden. Auch wurde versucht, Pheromone mit Giftködern oder gar mit Chemosterilantien zu versehen und so eine aktive Bekämpfung von Schädlingen zu erreichen.

16

Von wenigen Ausnahmen abgesehen, wie beispielsweise dem
Einsatz im Warndienst, waren diesen Pheromonversuchen aber
bisher noch keine grösseren Erfolge beschieden.

Knipling und McGuire (1966) meinen hierzu, dass die Fallen-
bzw. Giftködertechnik zusammen mit Pheromonen nur dann zur
Verhinderung einer Begattung freier Weibchen führen könne,
wenn die Schädlingspopulationen sehr niedrig seien und
wenn ein günstiges Verhältnis bestehe zwischen der Menge
angebotenen synthetischen Pheromons zu der von den freien
Weibchen erzeugten natürlichen Lockstoffmenge.

Eine weitere Form der Anwendung von Pheromonen ist, Lockstoffe in solchen Mengen diffus im Schädlingsbefallsge-
biet zu verteilen, dass die Falter-Männchen, irritiert vom
künstlichen Sexualperomon, ihre eigenen Weibchen nicht mehr
finden. Geglückt ist dieser Versuch bisher Gaston und Mitarbeitern 1967 bei der amerikanischen Gemüseeule _Tricho-_
plusia ni bei einer Konzentration von 10^{-10} g/Liter im
Feld, das sind weniger als 0,5 g/ha pro Nacht.

Die Einführung von Pheromonen in die Praxis hat also bereits
begonnen. Wegen der grossen Abhängigkeit der Wirkungen von
klimatischen Faktoren sind die besten Bekämpfungs- oder An-
wendungserfolge der Methode im Wärmegürtel der Erde erzielt
worden, während bei uns Pheromone bis jetzt nur im Warndienst
verwendet werden (Mayer 1968). Sollte es gelingen, auch in
Europa Bekämpfungserfolge zu erzielen, so läge der Vorteil
der Methode klar auf der Hand: geringe Präparat-Aufwand-
menge, vermutlich kaum Umweltbeeinflussung und zum mindesten
für die nächste Zeit Verhinderung der Entstehung resistenter
Rassen. Andererseits müssten nach Gaston daneben aber auch
die Kosten und die mögliche Gefährdung von Säugetieren, bisher noch wenig verfolgt, in Betracht gezogen werden.

Nach diesen orientierenden, keineswegs vollständigen Ausführungen zum Thema Pheromone nun noch einige Bemerkungen
zu den Pheromon-Arbeiten an der Landesanstalt für Pflanzenschutz in Stuttgart.

Wie schon auf der 1. Sitzung des **Arbeitskreises für inte-**
grierte Bekämpfung der Deutschen Phytomedizinischen Gesellschaft im Januar dieses Jahres in Hohenheim berichtet, haben
im Jahre 1971 an der Landesanstalt für Pflanzenschutz in
Stuttgart Versuche zur Apfelwicklerprognose mit Hilfe von
sogenannten Sex-Fallen im Vergleich zu Lichtfallen begonnen. Aus der in Stuttgart betriebenen Apfelwicklerzucht
wurden von Mai bis September unbegattete Weibchen in den
Fallen gehalten. Von den natürlichen Pheromonen der alle
8 Tage ausgewechselten Weibchen angelockt, fingen sich
Apfelwickler-Männchen in dem in den Fallen aufgetragenen
Raupenleim. Die Fangergebnisse sind in "Gesunde Pflanzen"
(1972, H. 2) und in den Mitteilungen der BBA, Heft 151
(1973) veröffentlicht, brauchen hier deshalb nur gestreift
zu werden.

Ein Vergleich Sex-Falle zu Lichtfalle ergab 1971 folgendes:
Im Frühjahr bei Abendtemperaturen zwischen 15 und 18° C war
die Fängigkeit der Sexfallen der der Lichtfallen überlegen.
Im weiteren Verlauf des Jahres bei Temperaturen über 18° C
kehrten sich die Verhältnisse um: die Lichtfallenfänge über-
stiegen die Sexfallenfänge bei weitem. 1971 reichten die
Ergebnisse der Sexfallenfänge zur Festlegung der optimalen
Bekämpfungstermine nicht aus (Abb. 1).

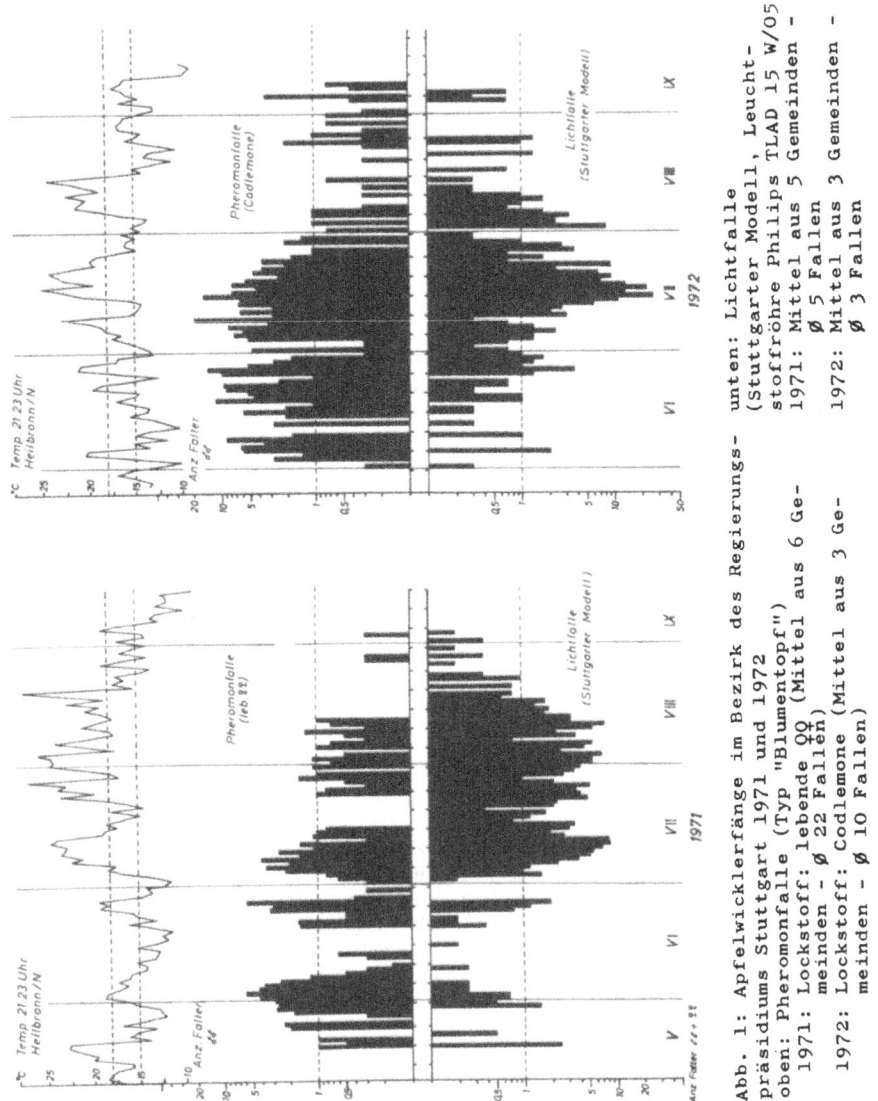

Abb. 1: Apfelwicklerfänge im Bezirk des Regierungs-
präsidiums Stuttgart 1971 und 1972
oben: Pheromonfalle (Typ "Blumentopf")
  1971: Lockstoff: lebende ♀♀ (Mittel aus 6 Ge-
        meinden - Ø 22 Fallen)
  1972: Lockstoff: Codlemone (Mittel aus 3 Ge-
        meinden - Ø 10 Fallen)
unten: Lichtfalle
(Stuttgarter Modell, Leucht-
stoffröhre Philips TLAD 15 W/05)
  1971: Mittel aus 5 Gemeinden -
        Ø 5 Fallen
  1972: Mittel aus 3 Gemeinden -
        Ø 3 Fallen

18

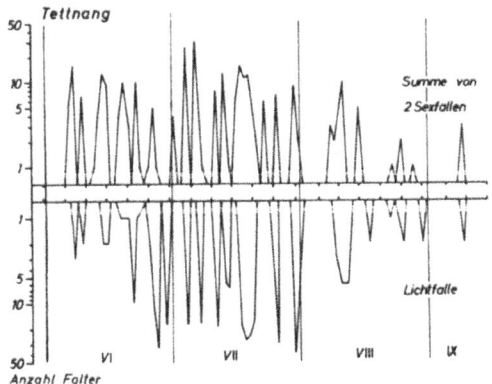

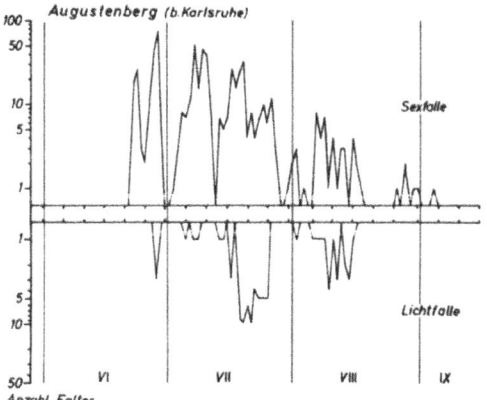

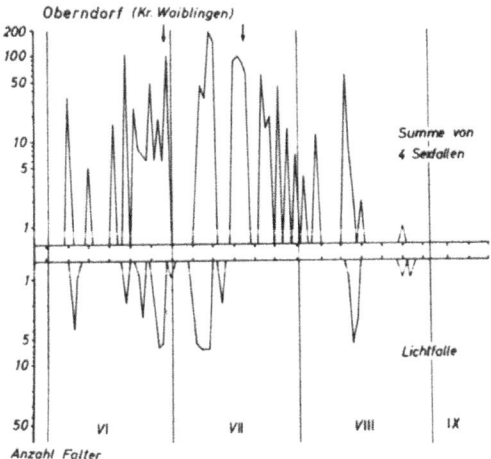

Abb. 2: Apfelwicklerfänge 1972
Vergleich Sexfalle - Lichtfalle

In diesem Jahr (1972) wurde nun ausschliesslich mit künstlichen Pheromon-Kapseln experimentiert. Diese waren deutlich attraktiver als lebende Weibchen und nur alle 6-8 Wochen auszuwechseln. Verschiedene Fallentypen und verschiedene Lockstoffe wurden verwendet. Ausser Pflaumenwickler-Pheromon "Funemone" (bei Th. Kock, Offenburg) wurde vor allem der Apfelwickler-Lockstoff "Codlemone" der Zoecon Corporation, Palo Alto, getestet. Von holländischen Kollegen kamen noch 10 Kapseln mit Adoxophyes - Pheromon (Adoxomone) hinzu. Teilergebnisse im Vergleich zu Lichtfallen zeigen die Abbildungen. Interessant ist, dass bei den allgemein tieferen Temperaturen im Sommer des Jahres 1972 gegenüber 1971 in den meisten Fällen ein anderes Resultat als im vergangenen Jahr beobachtet werden konnte. Im Gegensatz zu 1971 wurden im Sommer 1972 in vielen Gebieten Baden-Württembergs auch bei Temperaturen über 18° C noch so gute Sexfallenfänge beim Apfelwickler erzielt, dass eine Prognose des Hauptfluges ablesbar und der richtige Bekämpfungstermin nach diesen Daten festgelegt werden konnte.

2. Sterile-male-Technik - Selbstvernichtungsverfahren - Autocidmethode

Das schon bekanntere Selbstvernichtungsverfahren (sterile-male-Technik) bei Wicklern im Obstbau beruht auf der künstlichen Zucht von Faltern und Sterilisierung von Wickler-Männchen durch Gamma-Strahlen (Kobalt-60 oder Cäsium-137). Bei der anschliessenden Freilassung führt eine Begattung steriler Männchen mit natürlichen Weibchen zu keinen Nachkommen und damit zu einer Reduktion des Schädlingsbefalls.

Seit einiger Zeit wird das Verfahren in verschiedenen Ländern vor allem beim Apfelwickler Laspeyresia pomonella und beim Schalenwickler Adoxophyes reticulana erprobt. Ganz allgemein gilt hier, was Knipling (1964) über den Einsatz der Sterilisierungsmethode ausgeführt hat: "Das Selbstvernichtungsverfahren bei Insekten wird nicht nützlich sein zur Bekämpfung oder Ausschaltung unserer angestammten Schädlingspopulationen. Die Methode wird nicht möglich sein für jene Schädlinge, die einen grossen Wirtskreis haben, sporadisch in Erscheinung treten oder die keine grossen wirtschaftlichen Verluste verursachen". Hinzufügen sollte man noch: bei Lepidopteren, bei denen das Weibchen mehrfach begattet werden kann, wird das Verfahren noch schwieriger.

Aus diesen Worten geht hervor, dass unsere angestammten Schädlinge wie Apfelwickler oder Schalenwickler auf diese Weise nur sehr schwer zu bekämpfen sein werden. Trotzdem verspricht man sich bei kleinen und isolierten natürlichen Populationen oder bei Populationen, die durch eine Bekämpfung mit anderen Mitteln schon stark dezimiert worden sind, eine Reduzierung des Befalls.

Voraussetzung der Autocidmethode ist eine genügend grosse Anzahl im Laboratorium gezüchteter Männchen. Als Nährsubstrat kommen natürliche Früchte (z.B. Äpfel) oder künstliche

Nährmedien in Betracht. Aber schon hier beginnen die Schwierigkeiten. Um möglichst viele Falter ohne allzu grossen Arbeitsaufwand züchten zu können, muss das Nährsubstrat leicht herstellbar oder bearbeitbar sein. Beim Apfelwickler bringen Äpfel im allgemeinen trotz guter Handlichkeit keine grossen Stückzahlen im Verhältnis zum Aufwand. Bei der Zubereitung und Haltung von Nährböden sind dagegen so viele Imponderabilien einzukalkulieren und zu berücksichtigen oder viel Handarbeit zu verrichten, dass am Ende, ohne grosse technische Investitionen (wie beispielsweise in Summerland, Kanada) auch nur verhältnismässig wenige Falter für eine Sterilisierungs-Bestrahlung übrig bleiben. Die dabei gewonnene Anzahl sterilisierter Falter reicht nur zur Behandlung eines kleineren, begrenzten Einsatzgebietes aus. Durch geeignete Lagerung von Diapause-Larven kann die Faltermenge wohl etwas vergrössert werden, aber in der Hauptflugzeit wird der Vorrat bei wöchentlichem Falter-Einsatz rasch wieder aufgebraucht. Und die Kosten der Methode sind dabei noch gar nicht berücksichtigt.

Trotz dieser Skepsis sollte das Verfahren im Obstbau möglichst in isolierten Anlagen mindestens so lange weitergeführt und erprobt werden, bis die Technik der Zucht, der Sterilisation, der Freilassung und der Erfolgskontrolle bekannt sind. Ausserdem dienen die Untersuchungen ja der Erforschung der Populationsbewegungen, der Populationsdichte, der Wiederfundtechnik und des jährlichen Flugverlaufs der Falter wie der Verbreitung von Parasiten und Krankheiten der Wickler, alles Dinge, die auch für den Warndienst von Interesse sind. Ob die ausgearbeiteten Methoden dann von Staats wegen betrieben, von gewerblicher Seite genutzt werden oder anderweitig als Ergänzung zur herkömmlichen Bekämpfung dienen, steht auf einem anderen Blatt, das die Zukunft schreiben wird. Wichtig ist, jedenfalls im Augenblick, dass das Verfahren erprobt, mit anderen Bekämpfungsmethoden verglichen und wenn möglich integriert wird. Ein Werturteil über die Wirksamkeit oder Unwirksamkeit dieser Methode im mitteleuropäischen Obstbau mag dann hernach gefällt werden.

Zusammenfassung. Im ersten Teil des Referates wird ein Überblick über die Möglichkeiten der Verwendung von Sexual-Pheromonen (Sexuallockstoffen) bei Lepidopteren gegeben. Dabei wird die noch junge Geschichte der Exohormone gestreift und besonders auf Pheromonversuche im Apfelwickler-Warndienst Baden-Württembergs eingegangen. Im zweiten, wesentlich gedrängteren Teil werden Möglichkeiten des Selbstvernichtungsverfahrens (sterile-male-Technik) zur Bekämpfung des Apfelwicklers Laspeyresia pomonella und Apfelschalenwicklers Adoxophyes reticulana im Obstbau angesprochen. Die Schwierigkeiten einer dazu unerlässlichen Massenzucht werden gestreift und kritische Bemerkungen über einen grossflächigen praktischen Einsatz von mit Gammastrahlen sterilisierten Faltermännchen angeschlossen. Während an der Landesanstalt für Pflanzenschutz in Stuttgart mit Pheromonfallen zur Be-

stimmung des Apfelwicklerfluges 1972 brauchbare, in Form
von Graphiken gezeigte Ergebnisse zu verzeichnen sind, macht
hier die Massenzucht des Apfelwicklers noch Schwierigkeiten,
so dass bisher noch keine sterilisierten Männchen freigelas-
sen werden konnten.

STANDARD-APFELWICKLER-FALLE

nach M. Baggiolini, B.A. Butt und M.D. Proverbs

Falle: Zylindrische weiße Falle, 13 cm lang und 9,5 cm ∅
(Papierrolle oder Eiskrem-Karton), an den beiden
Stirnseiten je zur Hälfte ausgeschnitten

Auskleidung: Durchsichtige Plastikfolie bedeckt mit Tang-
lefoot-Leim:
Tanglefoot Company
314 Straight Ave S.W.
Grand Rapids, Michigan 49502, U.S.A.

Lockmittel: 1 mg 8 - 10 dodecadien - 1 - Ol in einer Gummi-
kapsel (Roelofs et al, 1971) oder in präparierten
Kapseln, wie sie erhältlich sind bei der Firma
Zoecon Corporation
975 California Ave
Palo Alto, California 94304 oder bei

Zoecon AG, Stampfenbachstraße 73
CH - 8035 Zürich, Schweiz

Die Kapsel wird 3 cm unterhalb der Fallendecke
durch einen Haarclip gehalten. Der Clip durch-
bohrt in einem schmalen Spalt die Fallendecke.
Die Kapsel alle 6 - 8 Wochen wechseln.

Plazierung der Fallen: 1,70 m über dem Boden, an der Außen-
seite oder Windseite eines Baumes. Nicht mehr
als eine Falle je Baum. Die Fallen sollten nicht
im Windschatten voneinander stehen und wenigstens
30 - 50 m Abstand haben. Für jeden Versuch mindestens 3 Fallen verwenden. Die Klima-Bedingungen,
besonders die Temperatur, aufzeichnen.

(Auszugsweise Übersetzung des Rundbriefes der O.I.L.B. -
Arbeitsgruppe: "Genetische Bekämpfung von Apfelwickler
und Adoxophyes" Wädenswil, 27.4.1972)

ZUSAMMENSTELLUNG EINIGER SYNTHETISCHER INSEKTEN-SEXUAL-
PHEROMONE
der Zoecon-AG Zürich, CH - 8035 Zürich, Stampfenbach-
strasse 73
(Vertrieb in Deutschland: C.F. Spiess u. Sohn, 6719 Klein-
karlbach)

Lieferbar in <u>Pherocon-Caps</u>: Kleinen Gummi- oder Plastik-
Kapseln, gefüllt mit spezifischem Sexual-Pheromon, im
Freiland ausreichend für 6 - 8 Wochen, zusammen mit
<u>Pheromonfallen</u> (Pherotraps).

	Schädling		Pheromon-Handelsname
<u>Laspeyresia pomonella</u>	Codling moth	Apfelwickler	Codlemone
<u>Lymantria dispar</u>	Gypsy moth	gr.Schwamm-spinner	Disparmone
<u>Grapholitha molesta</u>	Oriental fruit moth	Pfirsichtrieb-bohrer	Orfamone
<u>Grapholitha funebrana</u>		Pflaumen-wickler	Funemone
<u>Argyrotaenia veluti-ana</u>	Red banded leaf roller		Redlamone
<u>Choristoneura fumi-ferana</u>	Spruce bud-worm, eastern		Sprudamone-E
<u>Adoxophyes reticulana (orana)</u>	Summer fruit tree leaf roller (summer fruit tortrix moth)	Apfelscha-lenwickler	Adoxamone

LITERATUR:

Butt, B.A., D.O. Hathaway, L.D. White, and J.F.Howell.1970
    Field releases of Codling Moths sterilized by Tepa or by
    Gamma irradiation, 1964-67. J.econ.Ent. <u>63</u>:912-915

Butt, B.A., J.F. Howell, H.R. Moffitt, and A.E. Clift.1972.
    Suppression of populations of Codling Moths by inte-
    grated control (sanitation and insecticides) in prepa-
    ration for sterile-moth release. J.econ.Ent. <u>65</u>:411-414

Franz, J.M. 1964. Forest insect control by biological
    measures. FAO/UFRO - Symp. on Internat. Dangerous
    Forest Diseases and Insects (Oxford 1964), 2, Mtg.
    No. IX, 21 pp.

Franz J.M. und A.Krieg. 1972. Biologische Schädlingsbe-
    kämpfung. Verl. P. Parey (Berlin u. Hamburg), 208 S.

Gaston, L.K., H.H. Shorey, and C.A. Saario. 1967. Insect
    population control by the use of sex pheromons to
    inhibit between the sexes. Nature <u>213</u>, No.5081, 1155.

Jacobson, M. 1967. Insect sex attractans. New York-London-
    Sydney. 154 pp.

Jacobson, M., R.E. Redfern, W.A. Jones, and M.H. Alridge.
    1970. Sex pheromones of the southern armyworm moth:
    isolation, identification and synthesis. Science
    <u>170</u>:542.

Karlson, R. und M. Lüscher. 1959. "Pheromone", ein Nomen-
klaturvorschlag für eine Wirkstoffklasse. Naturw.46:63.

Kirschenblatt, J.D. 1959. Die Telergone und ihre biologische
Bedeutung. Sowjetwissensch.Naturw.Beitr. H.10/1028-1044.

Knipling, E.F. 1964. The potential role ot the sterility
method for insect population control with special
reference to combining this method with conventional
methods. U.S.Dept.of Agric., ARS, 33-98, 54 pp.

Knipling, E.F. and J.U. McGuire jr. 1966. Population models
to test theoretical effects of sex attractans used
for insect control. Agric.Inform. Bull. 308:1-20.

Mayer, K. 1968. Die Verwendung von Lockstoffen in der Schädlingsbekämpfung.- 2. Sexuallockstoffe. Gesunde Pfl.
20:179-189.

Neuffer, G. 1972. Zur Problematik der Bestimmung des Flugverlaufs beim Apfelwickler (Laspeyresia pomonella L.)
in Nord-Württemberg 1971. Gesunde Pfl. 24:29-32.

Proverbs, M.D., J.R. Newton, and D.M. Logan. 1969. Codling
moth control by release of radiation - sterilisized moths
in a commercial apple orchard. J.econ.Ent. 62:1331-1334.

Ritter, F.J. 1971. Some recent develpments in the field of
insect pheromones. Meded.Fakult.Landb.-Wetensch.Gent
36:874-882.

Roelofs, W.L.,E.M. Glass, J. Tette, and A. Comeau. 1970.
Sex pheromone trapping for red-banded leaf roller
control: theoretical and practical. J.econ.Ent. 63:1162.

Anschrift des Verfassers: Dr. G. NEUFFER

Landesanstalt für Pflanzenschutz
7000 STUTTGART 1
Reinsburgstrasse 107

4. *E. Dickler*

Der Rindenwickler (Enarmonia formosana Scop.) als Schädling an Süß- und Sauerkirschen und Möglichkeiten seiner Bekämpfung im Integrierten Pflanzenschutz
(Mit 3 Abbildungen und 1 Tabelle)

Der Einsatz von Kulturmassnahmen, wie Bodenbearbeitung, Düngung und Schnitt dient der Gesunderhaltung der Pflanze und ist ein wesentlicher Bestandteil des Integrierten Pflanzenschutzes. Unsere Kenntnisse auf diesem Gebiet sind aber bekanntermassen noch recht lückenhaft.

Dass sich Einflüsse von Kulturmassnahmen auch fördernd auf Schädlingspopulationen auswirken können, wurde in jüngster Zeit erneut aufgezeigt. Nach Dicker (1972) tritt Clepsis spectrana nur an solchen Sträuchern der Schwarzen Johannisbeere auf, die maschinell geerntet wurden. Dickler und Hofmann (1974) konnten nachweisen, dass die in einigen Gebieten Süddeutschlands in Apfelpillaranlagen beobachtete Massenvermehrung von Synanthedon myopaeformis auf eine Hochveredlung der Bäume zurückzuführen ist.

Im folgenden Bericht soll am Beispiel des Rindenwicklers aufgezeigt werden, wie durch systematische Freilandbeobachtungen und durch die Erforschung der Biologie und Populationsdynamik dieses Schädlings eine Kulturmassnahme zugleich zu seiner Bekämpfung erfolgreich eingesetzt werden kann.

Das ungewöhnlich starke Auftreten des Rindenwicklers führte in den letzten Jahren in zahlreichen Obstbaugebieten der Bundesrepublik zu Schäden an Süss- und Sauerkirschen. Über die Schadwirkung der Larven an Süsskirschen wurde bereits an anderer Stelle ausführlich berichtet (Dickler, 1972). Nach Roediger (1956), Motte (1967) und Zahn (1970) gilt E.formosana als ein schwer zu bekämpfender Rindenschädling. So wurden noch im Jahre 1970 in einem Befallsgebiet bis zu sieben Insektizidapplikationen an Süsskirsche empfohlen.

Die eigenen Untersuchungen wurden im Herbst 1969 eingeleitet. Aus Besichtigungen und Freilandbeobachtungen, die wir in zahlreichen Anbaugebieten durchführten, erhielten wir den interessanten Hinweis, dass an Bäumen, deren Stammbasis frei von Unkraut und Grasbewuchs war, nur sehr selten Rindenwicklerbefall auftrat. In ersten Versuchen im Raum Witzenhausen konnte diese Beobachtung zunächst an Jungbäumen nachvollzogen werden. In einem Versuch wurde an 5-jährigen Süsskirschen durch das Entfernen des Pflanzenbewuchses an der Stammbasis der Larvenbefall erheblich zurückgedrängt (Dickler und Zimmermann, 1972). Im gleichen Versuch konnte durch einen Parathion-Dauerbelag an der Stammbasis das Eindringen der Larven völlig verhindert werden. Da zur Biologie und Populationsdynamik des Schädlings nur unvollständige Angaben vorlagen, wurden im Heidelberger Raum intensive Freilanduntersuchungen durchgeführt, auf die hier nicht in allen Einzelheiten eingegangen werden kann (Dickler, 1970, 1972). Es sei in diesem Zusammenhang erwähnt, dass unter Anwendung verschiedener Fangverfahren, wie Lichtfalle, Schlupfkäfig, Sexuallockfalle u.a. erstmals der Flugver-

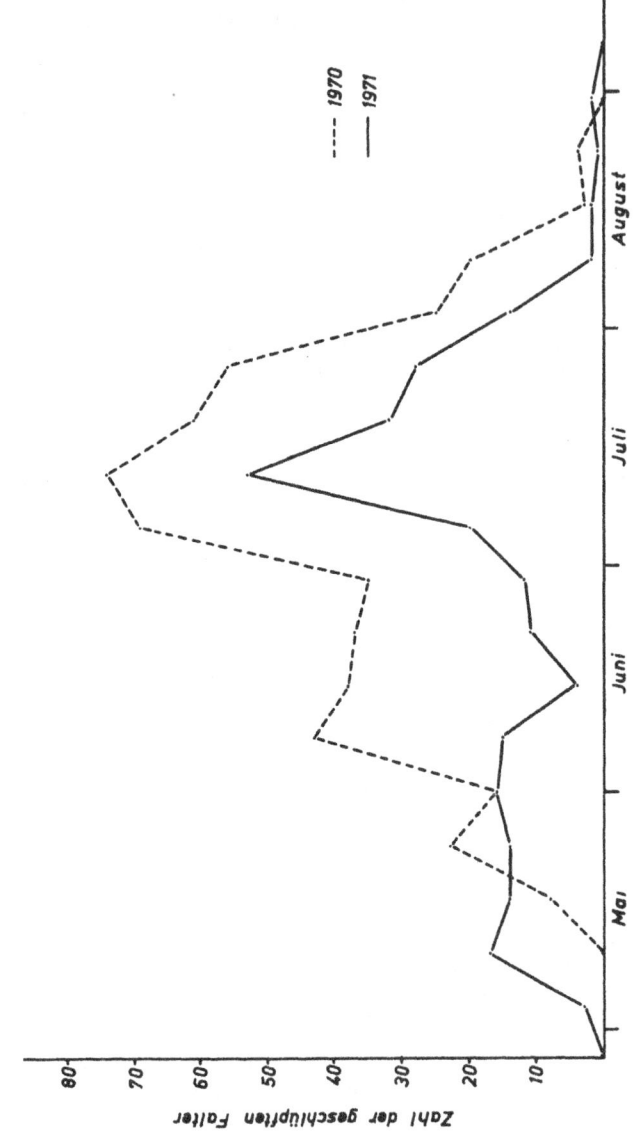

Abb. 1: Schlupfverlauf der Falter von Enarmonia formosana
(Scop.) an eingekäfigten lebenden Süsskirschen-
bäumen, Heidelberg 1970 und 1971

lauf der Falter von E. formosana exakt ermittelt werden
konnte.
Wie aus dem Kurvenverlauf zu ersehen ist, schlüpften die
Imagines von Ende April/Anfang Mai bis Ende August/Anfang
September. In beiden Jahren finden wir ein ausgeprägtes
Maximum des Schlupfes bzw. Fluges Mitte Juli. An Hand dieser
Schlupfkurven und anderer Untersuchungsergebnisse (Dickler,
1972), z.B. der Verteilung der Larvenstadien in der Rinde
im Verlauf der Vegetation, konnte der optimale Bekämpfungs-
termin ermittelt werden. Er liegt im Heidelberger Raum
Mitte bis Ende Juli, also nach der Ernte der späten Süss-
kirschensorten.

Es war nun von besonderem Interesse, zu prüfen:

1. ob die in Witzenhausen an Jungbäumen durch das Freihalten
der Stammbasis von Gras- und Unkrautbewuchs erzielten Ergebnisse auch in älteren Ertragsanlagen reproduziert werden können;
2. ob auf Grund des ermittelten Bekämpfungstermines durch
eine einmalige gezielte Insektizidapplikation an der Stammbasis E. formosana unterhalb der Schadensschwelle gehalten
werden kann.

Für diese Untersuchungen bot sich eine mehrere Hektar grosse,
15-jährige Gemeinschaftsanlage bei Weilheim/Teck an, aus der
wir einen Block von insgesamt 72 Bäumen auswählten. Die Süss-
kirschenbäume, insgesamt 8 Sorten, waren zum Teil sehr stark
befallen.

Der Versuch umfasste 8 Glieder in 9-facher Wiederholung:

1. Kontrolle
2. Herbizide
3. Folidol-Öl-Spritzmittel *)
4. TOP Borkenkäfermittel Schering
5. Basiment 450 extra
6. Folidol-Öl-Spritzmittel + Herbizide
7. TOP Borkenkäfermittel Schering + Herbizide
8. Basiment 450 extra + Herbizide

Die Kontrolle wurde ortsüblich gemulcht.

Für die etwa 1 m^2 grossen Baumscheiben der Herbizidparzellen
wurde im ersten Jahr (4.8.1971) Ustinex Spezial (Amitrol +
Diuron + MCPA-Salze) und im zweiten Jahr (15.5.1972) Gramoxone
(Paraquat) eingesetzt. Ein Offenhalten des Bodens an der Stammbasis der Bäume wäre ebenso durch eine mechanische Hacke möglich gewesen. Aus versuchstechnischen Gründen (einmalige Massnahme am weit entfernten Standort, Ausschliessen von Rinden-
verletzungen u.a.) wurde der Anwendung von Herbiziden der
Vorzug gegeben.

Folidol-Öl-Spritzmittel (Mineralöl + Parathion-äthyl, 2,5 %)
erschien uns auf Grund seiner bekannten langen Wirkungsdauer

---

*) Die Versuchsglieder 3, 4 und 5 sind in Tab. 1 und Abb. 2
mit Insektizid a, b und c bezeichnet.

auf der Rinde von Obstgehölzen für eine einmalige Anwendung
als besonders geeignet. Um auch die bereits in die Rinde
eingedrungenen Larven mitzuerfassen, wurde eine 2,5 %ige
Konzentration gewählt.

Die beiden anderen Insektizide TOP Borkenkäfermittel Schering
(Lindan + Promecarb, 3 %) und Basiment 450 extra (Hexa,
techn., 2 %) wurden in die Untersuchungen einbezogen, weil
sie im Forst gegen Rindenschädlinge (Borkenkäfer) eine gute
Wirkung zeigen. Bei der Ausbringung der Insektizide wurde
der Stamm bis zu einer Höhe von 1 m gründlich gespritzt.
Durch diese gezielte Applikation an der Hauptbefallsstelle
blieb die Schädlings- und Nützlingsfauna des Kronenbereichs
der Bäume von Insektiziden verschont. Da die Behandlung der
Bäume nach der Ernte erfolgte, sind Rückstände am Erntegut
völlig ausgeschlossen.

Der Befallsgrad der Bäume (an der Stammbasis bis 30 cm über
dem Boden) wurde nach einem Bonitierungsschema mit folgenden
Befallsstufen ermittelt:

Befallsstufe 0 =   befallsfrei
     "   1 =   1 bis 5 Kotsäckchen
     "   2 =   6 bis 10 Kotsäckchen
     "   3 =   11 bis 15 Kotsäckchen
     "   4 =   16 bis 20 Kotsäckchen
     "   5 =   > 20 Kotsäckchen

Nach jeder Auszählung wurden die Kotsäckchen mit einer harten
Bürste entfernt.

Tab. 1: Befall der Süsskirschenstämme durch Enarmonia formosana (Scop.) während der Untersuchungsjahre 1971 und
1972 in Abhängigkeit von der Behandlung (in Wertzahlen)

| | Zeitpunkt der Bonitierung | | | |
Behandlung	4.8.1971[*]	8.10.1971	18.7.1972[**]	10.10.1972
Kontrolle	2,44	3,44	3,44	3,89
Herbizid	2,44	2,11	0,78	0,89
Insektizid a	1,44	0,33	0	0
Insektizid b	2,22	0,78	0,11	0,11
Insektizid c	1,89	0,22	0,11	0
Insektizid a + Herbizid	2,22	0,44	0	0
Insektizid b + Herbizid	1,67	0,56	0	0
Insektizid c + Herbizid	2,44	0,22	0	0

* 1. Behandlung
** 2. Behandlung

Der durchschnittliche Befallsgrad von jeweils 9 Bäumen
zu Versuchsbeginn wird durch die erste (vertikale) Zahlen-
kolonne ausgedrückt. So lagen beispielsweise in Kontroll-
und Herbizidparzelle die Durchschnittswerte bei 2,44. Nach
dieser Bestandsaufnahme wurde die erste Behandlung durchgeführt.

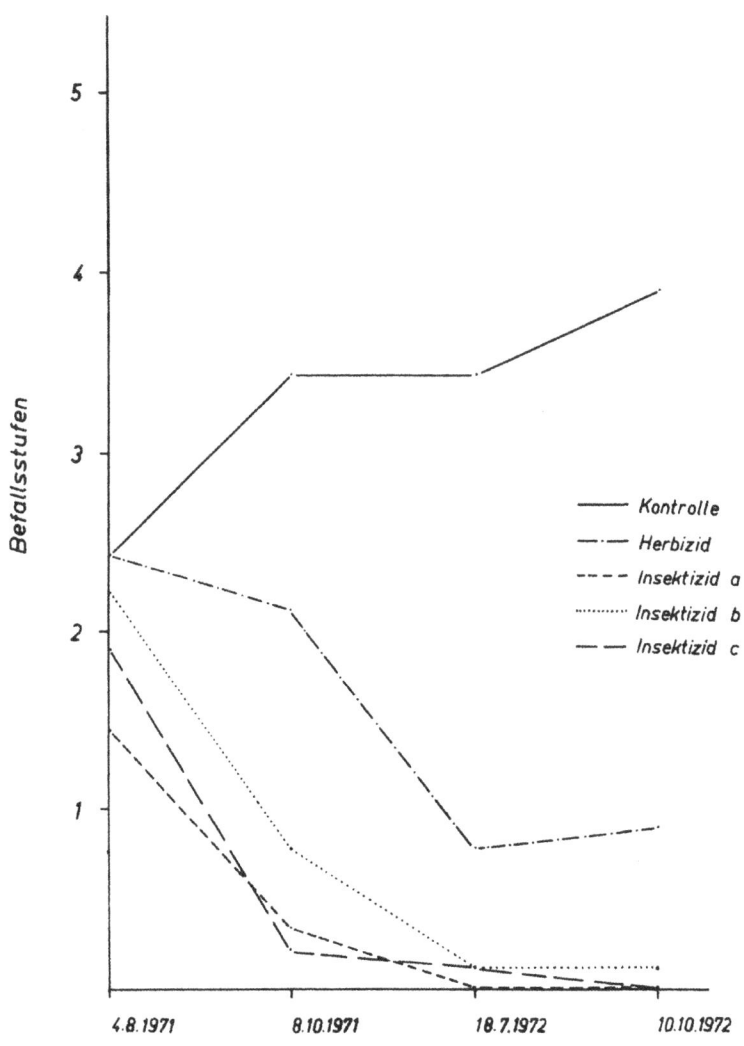

Abb. 2: Verlauf der Befallsdichte (Wertzahlen) der Larven
von E.formosana während der Untersuchungsjahre
1971 und 1972 in Abhängigkeit von der Behandlung

Die zweite Auswertung fand am 8.10.1971 statt. Etwa zu diesem Zeitpunkt stellen die Larven ihre Frasstätigkeit weitgehend ein und erst im nächsten Frühjahr wird wieder Bohrmehl ausgeworfen. Wiederum nach der Kirschenernte erfolgte am 18.7.1972 die Auszählung des Befalls und anschliessend die Insektizidapplikation. Mit der Abschlussbonitierung vom 10.10.1972 endete der Versuch.

Bei dieser Tabelle möchte ich zunächst auf die beiden letzten vertikalen Zahlenkolonnen hinweisen. Im Vergleich zur Kontrolle sehen wir bei den Herbizidbäumen eine sehr deutliche Befallsreduktion. Die Differenzen der Werte aus Kontroll- und Herbizidparzellen sind so deutlich, dass hier auf eine statistische Signifikanzberechnung verzichtet werden kann.

Zu unserer Überraschung zeigten alle drei Insektizide eine ausgezeichnete Wirkung. In den Parzellen Insektizid + Herbizid ist diese Wirkung noch verstärkt und schon nach einem Jahr eine völlige Befallsfreiheit anzutreffen.

In der Abb. 2 ist der Verlauf der Befallsdichte der Larven aus Kontroll-, Herbizid- und Insektizidparzellen graphisch dargestellt. Um die Abbildung übersichtlicher zu gestalten, wurde auf eine Wiedergabe der Werte von den Versuchsgliedern Insektizid + Herbizid verzichtet.

Der Populationsverlauf in der Kontrolle (Abb. 2) zeigt während der Untersuchungsjahre einen deutlichen Anstieg. Zunächst erfolgt vom 4.8.1971 bis zum 8.10.1971 eine starke Zunahme des Larvenbesatzes. Dies bestätigt erneut die richtige Wahl des optimalen Bekämpfungszeitpunktes. Die Stagnation des Befalls vom 8.10.1971 bis 18.7.1972 ist auf die natürliche Mortalität (Parasitierung durch zahlreiche Hymenopterenarten, Witterungseinflüsse u.a.) während der Winter- und Frühjahrsmonate zurückzuführen. Dies führt zu einer Reduzierung der Populationsdichte, die aber überlagert und weitgehend aufgehoben wird durch das Auftreten der neuen Generation ab Mai 1972. Mit dem Erscheinen der Masse der Junglarven im August ist bis zum 10.10.1972 bei der Kontrolle ein erneuter Anstieg der Population sichtbar. In den Herbizidparzellen lag zu Beginn der Untersuchungen ebenfalls ein Durchschnittsbefall von 2,44 vor. Schon im ersten Untersuchungsjahr, am 8.10.1971, wirkt sich das Freihalten der Stammbasis von Gras- und Unkrautbewuchs hemmend auf den Populationsverlauf aus.

Im Laufe der Vegetationsperiode 1972 sinkt der Durchschnittsbefall bis auf 0,78 ab. Da diese befallsreduzierende Wirkung in den bodenbewuchsfreien Parzellen nur eine indirekte sein kann (Veränderung des Mikroklimas), deren Ursachen noch zu untersuchen sind, ist zum Zeitpunkt des Erscheinens der neuen Generation der leichte Anstieg der Population nicht überraschend. Möglicherweise wurde den Eiraupen auch durch das feucht-kühle Spätsommerwetter das Eindringen in die Rinde erleichtert.

Von den Insektiziden interessiert insbesondere das Folidol-Öl (Insektizid a). Hier waren bereits nach einem Jahr alle Bäume befallsfrei. Auf Grund dieser ausgezeichneten Wirkung

soll in weiteren Untersuchungen geprüft werden, ob die Wirk-
stoffkonzentration verringert werden kann und die im Obstbau gegen allgemeine Schädlinge zugelassene Konzentration
des Folidol-Öl von 0,5 % bei einmaliger Applikation zur Bekämpfung des Rindenwicklers ausreicht. *)

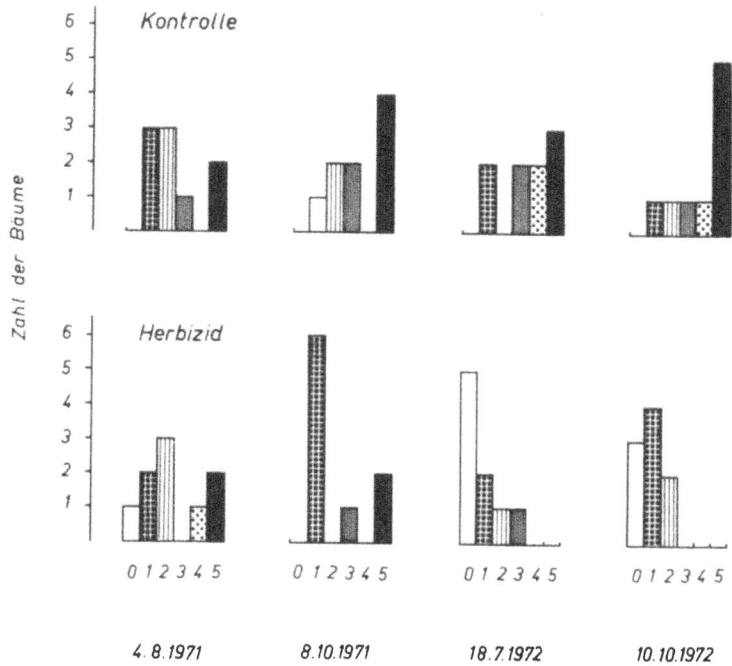

Abb. 3: Verteilung der Bäume aus den Kontroll- und Herbizidparzellen auf die Befallsstufen 0 - 5 (Wertzahlen)

Die Abb. 3 soll die Verteilung der Bäume aus den Kontroll-
und Herbizidparzellen auf die Befallsstufen 0 - 5 während
der Bonitierungen veranschaulichen. Wie schon erwähnt, haben
Kontrolle und Herbizide den gleichen Ausgangsbefall von 2,44.
Während bei Herbizid die Stufe 0 einmal vertreten ist, be-
finden sich dafür in der Kontrolle 3 Bäume in der Stufe 1.
Doch betrachten wir zunächst die Kontrolle. Hier ist bis zum
8.10.1971 eine deutliche Verschiebung zu den höheren Befallsstufen (4 Bäume in der Stufe 5) erkennbar. Am 10.10.1972
ist mehr als die Hälfte der Bäume in der höchsten Bonitierungs-
klasse zu finden. Entgegengesetzt ist der Verlauf an den Bäumen ohne Grasbewuchs an der Stammbasis. Am 8.10.1971 sind

---

*) Die Ergebnisse dieser Untersuchungen von 1973 liegen
inzwischen vor und sollen in Kürze publiziert werden.

zwar bereits zwei Drittel der Bäume in Stufe 1, aber 2 Bäume zeigen noch den stärksten Befall. Ein Jahr später, am 10.10. 1972, sind die Befallsstufen 3, 4 und 5 nicht mehr vertreten. Mit drei befallsfreien Bäumen, vier in der Stufe 1 und zwei in der Stufe 2 liegt zu diesem Termin die Mehrzahl der Bäume unterhalb der Schadensschwelle.

Zusammenfassung

Durch eine einfache Kulturmassnahme, das Entfernen des Gras- und Unkrautbewuchses an der Stammbasis der Bäume, konnte in einer 15jährigen Süsskirschenanlage der Befall durch Enarmonia formosana Scop. unter die Schadensschwelle gedrückt werden. Beim Einsatz dieser Kulturmassnahme, die mit Herbiziden durchgeführt wurde, aber auch auf mechanischem Wege die gleiche Wirkung verspricht, kann bei schwachem Larvenbefall auf den Einsatz von Insektiziden ganz verzichtet werden.

Bei starkem Larvenbesatz führte eine einmalige Punktbehandlung an der Stammbasis mit Folidol-Öl (2,5 %) zu einer völligen Abtötung der Larven an dieser Hauptbefallsstelle. Die Applikation erfolgte Ende Juli zum Zeitpunkt des Hauptlarvenschlupfes und nach der Ernte der Süsskirschen. Rückstände am Erntegut sind somit ausgeschlossen. Ebenso bleibt die Nützlingsfauna des Kronenbereiches durch diese Massnahme verschont. Auch zwei versuchsweise eingesetzte Borkenkäfermittel zeigten eine gute Wirkung.

Summary

Using the cultural practice of removing the grass and herb vegetation at the trunk base of sweetcherry trees in a 15 year old orchard, the larval density of Enarmonia formosana Scop. was decreased below the economic injury level. On trees with a low larval attack this method - removing the vegetation by herbicides or mecanically - makes an application of insecticides unnecessary.

On healthy infested trees a single treatment to the trunc base with mineral oil + parathion ethyl (Folidol-Öl, 2,5 %) gave a complete control of the larvae. Two other insecticides commonly used against forest insects (bark beetles) were also effective. The best time for the treatment is the end of July, when the cherry harvest is finished; thus there is no contamination of the fruits by the insecticide.

LITERATUR:

Dicker, G.H.L. 1972. An effect of cultural practice on populations of Clepsis spectrana (Treits.) (Lep., Torticidae) on black currant. Pl.Path. 21:67-68.

Dickler, E. 1970. Zur Schädlichkeit des Rindenwicklers Enarmonia formosana Scop. (Lepid.,Tortr.) an Süsskirsche. Nachr.bl.dt.Pflschutzd. 22:170-172.

5. A. Feiter
Die Bekämpfung der Wanze Lygus pabulinus L. in integrierten Bekämpfungsprogrammen

Seit 1969 wird der Integrierte Pflanzenschutz im Bonn-
Kölner Raum wesentlich erschwert durch das Auftreten der
Futterwanze Lygus pabulinus L. Ende April 1969 enthielten
die Klopfproben kleine grüne Wanzenlarven. Sie glichen
den schon aus dem Vorjahr bekannten Larven der Blindwanze
Orthotylus marginalis. Ende Mai traten plötzlich Schäden
auf, die nur von Wanzen verursacht worden sein konnten,
und zwar: Stiche an den jungen Blättern und Früchten. Als
Täter kamen nur die Orthotylus-ähnlichen Wanzen, von denen
gerade die ersten Imagines erschienen waren, in Frage. Das
war überraschend, weil O. marginalis als Blattlausfresser
zu den Nützlingen gehört. In der Literatur findet man allerdings den Hinweis, dass diese und andere Arten nicht ausschliesslich carnivor sind, sondern bei Bedarf auch phytophag
sein können. Das lag in dieser Situation durchaus im Bereich des Möglichen, da nur wenig Blattläuse zu finden waren.
Selbstverständlich wurde auch in Betracht gezogen, dass es
sich um eine der schädlichen Wanzenarten handeln könnte. In
Frage kam die Gattung Lygus, die wie Orthotylus zur Familie
der Blindwanzen gehört. Diese schädliche Wanzenart wurde
von dem Spezialisten Dr. Wagner aus Hamburg als Lygus pabulinus identifiziert.Sie ist als Larve nur schwer von der
nützlichen Wanze Orthotylus marginalis zu unterscheiden.
Auch die Imagines haben nur subtile Unterschiede. Dieses
massive Auftreten von Lygus pabulinus an Apfel, das zwar
in der Entomofauna dieses Anbaugebietes nicht neu ist, hat
bisher kein Beispiel.

Die Schwierigkeiten beim Auftreten der grünen Wanzen-Larven
liegen zunächst in der Unterscheidung zwischen nützlicher
und schädlicher Art. Wenn Lygus-Gefahr besteht, kann man sie
mit chemischen Mitteln abwehren. Es eignen sich alle im Obstbau gebräuchlichen Insektizide mit Kontaktwirkung. Es gibt
aber kein selektives Mittel gegen Wanzen, und man muss die
sehr frühzeitige Störung der Nützlingsfauna in Kauf nehmen.

Die andere Schwierigkeit ist die Schadensschwelle der Futterwanze. Sie liegt sehr niedrig, da jede Wanzen-Larve mehrere Früchte anstich. Die Holländer setzen z.B. eine Schadensschwelle von 4 Wanzen-Larven auf 100 Äste. 1970 bot sich
in der Obstbauversuchsanstalt Auweiler die Möglichkeit einer
Untersuchung zur Ermittlung der Schadensschwelle an. Als Ende
Mai in 2 überwachten Parzellen in jeder Klopfprobe 26 Wanzen-
Larven enthalten waren, wurde in der einen Parzelle Mevinphos
gespritzt, die andere blieb unbehandelt. Die durch Wanzen
verursachten Schäden waren in der behandelten Parzelle fünf-
mal niedriger als die in der unbehandelten und betrugen nur
1 %. Diese Ergebnisse erlaubten damals den Schluss, dass die
Schadensschwelle bei ca. 20 Tieren pro 100 Äste liegen könnte. Dies konnte jedoch 1971 und 1972 leider nicht bestätigt
werden.

Ein Befall von 2 Wanzen-Larven auf 100 Ästen verursachte 1971 in einem Quartier der Versuchsanstalt für Obstbau Auweiler einen Fruchtschaden von ca. 16 %. Da diese Populationsdichte sehr niedrig war, wurde auf die nächste Ermittlung der Fauna gewartet und eine Spritzung erfolgte erst 9 Tage nach Feststellung der ersten Wanzen-Larven. Der hohe Schaden ist darauf zurückzuführen, dass zu spät behandelt wurde. Ähnliche Erfahrungen konnten in 2 weiteren Betrieben gemacht werden.

Ein Fruchtschaden von ca. 16 % konnte auch 1972 in 2 Quartieren mit unterschiedlich hohen Wanzenzahlen ermittelt werden, nämlich in einem Quartier 31 Wanzenlarven auf 100 Ästen und in dem anderen 95. In diesen beiden Fällen wurde aber sofort nach Feststellung des starken Auftretens der Futterwanze gespritzt, so dass der Schaden trotz starken Befalls auf 16 % reduziert werden konnte.

Bei diesen Versuchen stellte sich heraus, dass ein schwacher Wanzenbefall, der zu spät bekämpft wird, einen gleich hohen Fruchtschaden verursachen kann wie ein starker Befall, der rechtzeitig bekämpft wird. Aus diesen Versuchen wurden folgende Erkenntnisse gewonnen:
Die Schadensschwelle der Futterwanze liegt sehr niedrig: 1-2 Wanzen-Larven auf 100 Ästen.
Es ist wichtig, so schnell wie möglich nach Feststellung der ersten Wanzen-Larven zu bekämpfen, das heisst, eine Nachblütespritzung (sofort nach dem Abfallen der Blütenblätter) durchzuführen.
Die Präparate Bromophos (halbkonzentriert), Parathion und Mevinphos wurden mit gutem Erfolg gegen die Futterwanze ausgebracht.
Die Apfelsorten werden unterschiedlich durch die Futterwanze befallen:

James Grieve	- sehr stark
Goldparmäne	- stark
Cox orange	- stark
Golden delicious	- leicht

In den Anlagen, wo Befallsverdacht besteht, oder wo in den früheren Jahren Wanzen aufgetreten sind, ist es ratsam, im Mausohrstadium eine Mineralöl-Spritzung durchzuführen, um schon einen Teil der Wanzen-Eier zu vernichten. Weitere Versuche müssen in dieser Richtung angelegt werden.

Da keine Feinde und keine selektiven Pflanzenschutzmittel gegen die Futterwanze bekannt sind und da ihre Schadensschwelle sehr niedrig liegt, scheint ihre Bekämpfung im Sinne des Integrierten Pflanzenschutzes nicht möglich zu sein.

Anschrift der Verfasserin: Annick FEITER

Pflanzenschutzamt
5300 BONN - BAD GODESBERG
Mittelstrasse 99

36

6. G. Schruft
Problematik eines Integrierten Pflanzenschutzes im Weinbau

Die derzeit wichtigsten Rebschutzmassnahmen mit chemischen
Pflanzenschutzmitteln im deutschen Weinbau richten sich
gegen folgende Schaderreger:

Pilzliche Schaderreger

Falscher Mehltau	Plasmopara viticola
(Blattfall-, Lederbeerenkrankheit)	(Peronospora)
Echter Mehltau (Äscherich)	Oidium tuckeri (Uncinula necator)
Grauschimmel	Botrytis cinerea
(Sauerfäule, Stielfäule)	

Tierische Schaderreger

Traubenwickler	Clysia ambiguella
(Heu- und Sauerwurm)	(einbindiger Traubenwickler
	Polychrosis botrana
	(bekreuzter Traubenwickler)
Springwurmwickler	Sparganothis pilleriana
Obstbaumspinnmilbe	Panonychus ulmi
(Rote Spinne)	

Daneben treten sowohl unter den Pilzkrankheiten (z.B. Roter
Brenner - Pseudopeziza tracheiphila; Schwarzfleckenkrankheit -
Phomopsis viticola) als auch unter den tierischen Schädlingen
(z.B. Kräuselmilbe - Calepitrimerus vitis; Dickmaulrüssler -
Otiorrhynchus sulcatus; Rebstichler - Byctiscus betulae) mehr
oder weniger häufig, meist aber nur lokal stärker auch andere,
chemisch zu bekämpfende Schaderreger auf.

Diese Zusammenstellung und die folgenden Aussagen betreffen
die Verhältnisse im deutschen Weinbau. In anderen Weinbau-
Ländern finden sich diese Schädiger zwar auch; die Bekämpfungs-
schwerpunkte können jedoch aus mehreren Gründen verschoben
sein. So spielen z.B. im südtiroler Weinbau die Spinnmilben
eine wesentlich größere Rolle als bei uns und dasselbe gilt
z.B. für den Traubenwickler im westschweizerischen Wallis.

Grundlage der weinbaulichen Spritzpläne sind die Behandlungen gegen die Peronospora, die zu Blattfall und Lederbee-
ren führt. Im Durchschnitt der Jahre müssen hierbei 5 - 7
Spritzungen vorgenommen werden, je nach Witterung, Rebsorte
und Weinbau-Gebiet.

Der erste Einsatz von Fungiziden gegen diesen Pilz richtet
sich i.a. nach den Primärinfektionen, deren Auftreten beobachtet wird. Mit dem Erscheinen der Primärinfektionen kann man
die Spritztermine auf Grund eines Inkubationskalenders er-
rechnen, wobei bestimmte Kriterien für den Pilzausbruch er-
füllt sein müssen. Gewöhnlich liegt die erste Peronospora-
Spritzung zwischen dem 20. Mai und dem 10. Juni. Dieser
ersten Vorblüte-Spritzung folgt eine 2. Vorblüte-Behand-
lung, die meist ca. 14 Tage nach der ersten vorgenommen
wird. Die entscheidenste Massnahme gegen die Peronospora

erfolgt in die abgehende Blüte, um die von den Blüte-
käppchen befreiten Beerenansätze vor Pilzbefall zu schützen.
Zeitlich liegt diese Rebschutzmassnahme zwischen dem 2.
Drittel des Monats Juni und dem 1. Juli-Drittel. Im An-
schluss daran werden weitere Nachblüte-Spritzungen vorgenommen, deren Anzahl und zeitlicher Abstand von Jahr zu
Jahr und von Weinbau-Lage zu Lage differieren kann. Die
letzte Peronospora-Behandlung, die sog. Abschlussspritzung,
findet Ende Juli - Anfang August statt.

Innerhalb dieses Rahmens der Peronospora-Spritzungen liegen
auch die Behandlungen gegen die anderen wichtigen pilzlichen
und tierischen Schaderreger. So wird gegen den Echten Mehltau (Oidium) gewöhnlich zu jeder Peronospora-Spritzung
Netzschwefel in entsprechender Aufwandmenge hinzugegeben.
Solange gegen den Grauschimmel (Botrytis) nur die Kontakt-
fungizide zur Verfügung standen, die z.T. identisch waren
mit Peronospora-Mitteln, bedurfte es keiner weiteren Fungi-
zid-Zusätze; jedoch mussten gegen diesen gefürchteten Parasiten zeitweise in sog. Zusatzbehandlungen auch nach der
Peronospora-Abschlussspritzung 1 - 2 Behandlungen separat
durchgeführt werden. Mit dem Aufkommen der systemischen
Präparate Benomyl und Cercobin konnten auch diese Mittel in
entsprechender Weise den Peronospora-Grundbrühen zugesetzt
werden und seither erübrigen sich Spätbehandlungen gegen
die Botrytis weitgehend.

Ich habe bewusst den Umfang und den Ablauf der Peronospora-
Spritzfolge so ausführlich dargestellt, weil mit dieser
die anderen chemischen Rebschutzmassnahmen eng gekoppelt
sind. Die falsche Wahl eines der vorgenannten Termine kann
für den Winzer den Verlust der gesamten Ernte bedeuten.
Insofern nimmt er lieber eine Behandlung mehr in Kauf oder
geht zu routinemässigen Spritzungen in 10 - 14 tägigem Abstand über, als auf eine Massnahme zu verzichten.

Hierin liegt auch bereits die erste Schwierigkeit für die
Bereitschaft der weinbaulichen Praxis, sich mit den Fragen
des Integrierten Pflanzenschutzes auseinanderzusetzen.
Solange regelmässige Spritzungen gegen die Peronospora
durchgeführt werden müssen, mit welchen die Behandlungen
gegen die anderen Schaderreger gleichzeitig und in einem
Arbeitsgang vorgenommen werden können, sind die Gedanken
des Integrierten Pflanzenschutzes dem Winzer nur schwer
zugänglich zu machen. Dass wir uns dennoch bereits heute
mit dem Integrierten Pflanzenschutz im Weinbau befassen,
beruht auf den Aussichten, die uns die Rebenzüchter eröff-
net haben. Die jahrzehntelangen Bemühungen verschiedener
Rebenzüchtungsanstalten zeigen inzwischen positive Ergebnisse. Es gibt bereits einige Peronospora-resistente Neuzüch-
tungen, deren landeskultureller Wert, deren weinbauliche
Eigenschaften und deren Reblaus-Widerstandsfestigkeit
zwar zur Zeit noch geprüft werden, deren Anbau aber erfolg-
versprechend ist. Tritt dies ein, ist die Voraussetzung für
einen umfassenden Integrierten Pflanzenschutz auf breiterer
Basis auch gegen tierische Rebschädlinge gegeben, die im

Vordergrund unserer Betrachtung stehen und deren Problematik hier aufgezeigt werden soll.

Wie aus der eingangs gegebenen Zusammenstellung entnommen werden konnte, richten sich die derzeit wichtigsten Einsätze chemischer Bekämpfungsmittel gegenüber tierischen Schädlingen gegen den Traubenwickler, den Springwurmwickler und gegen die Obstbaumspinnmilbe. Alle Massnahmen können in den Spritzplan gegen die Peronospora eingebaut werden. Sondereinsätze sind nur selten nötig.

Der Traubenwickler tritt als einbindige und als bekreuzte Art im Weinbau auf. Da ihr zeitliches Erscheinen und die Schädlichkeit der Raupen nahezu übereinstimmen, können sie gemeinsam und einheitlich betrachtet werden. Ihre erste Raupen-Generation, Heuwurm genannt, befällt die jungen Blütenansätze, die sie befressen und verspinnen, während die 2. Generation als Sauerwurm die reifenden Beeren annagt, was mit Sekundärinfektionen durch Pilze und Bakterien verbunden ist und zu der gefürchteten Sauerfäule führt. Die bisherigen Behandlungstermine gegen den Heuwurm fallen mit der 2. Vorblüte-Spritzung bzw. gegen den Sauerwurm mit der Abschlussspritzung zusammen. In beiden Fällen handelt es sich um vorbeugende Massnahmen.

Der Springwurm, auch Laubwurm genannt, da er in kürzester Zeit eine Rebe nahezu völlig entlauben kann, überwintert als Eiräupchen und beginnt mit dem Austrieb seine Frasstätigkeit. Zur Zeit tritt er nur noch sporadisch auf. Dies hängt u.a. mit dem regelmässigen Einsatz von Insektiziden gegen den Heuwurm zusammen, wobei der Springwurm miterfasst wird.

Auch die Spinnmilben, im wesentlichen die Obstbaumspinnmilbe, werden durch die Traubenwickler-Spritzungen in Grenzen gehalten, indem bei der Heuwurm-Bekämpfung vor der Blüte einer Erstarkung der Population entgegengewirkt wird, und durch die Sauerwurm-Bekämpfung zum Abschluss der Spritzsaison die wintereiablagebereiten Weibchen entsprechend abgetötet werden.

Die Traubenwickler-Behandlung stellt somit die Grundlage der tierischen Schädlingsbekämpfung im Weinbau dar. Beim Übergang zum Integrierten Pflanzenschutz müsste diese demnach neu überdacht werden. Unter den derzeitigen Verhältnissen basiert die Durchführung der Heu- und Sauerwurm-Bekämpfung auf einer mit Fehlern verbundenen Prognose-Methode. Mittels Fanggläsern wird der zeitliche Verlauf des Motten-Fluges beobachtet und aus der Anzahl gefangener Motten auf die abgelegten Eier bzw. die Stärke des Auftretens der Würmer geschlossen. Dieses Verfahren ist jedoch mit erheblichen Unsicherheiten verbunden, weshalb in der breiten Praxis sicherheitshalber zu den bekannten Terminen der Peronospora-Grundbrühe ein entsprechend wirksames Insektizid gegen den Wurm zugesetzt wird, unabhängig ob Befall vorhanden bzw. zu erwarten ist oder nicht. Mit Sicherheit werden dadurch Jahr für Jahr hektarweise Weinberge mit Insektiziden abgespritzt, obwohl keine Notwendig-

keit dazu besteht. Leider werden damit auch jene Nützlinge
abgetötet, die als Gegenspieler anderer Schädlinge, z.B.
der Roten Spinne im Rahmen eines Integrierten Pflanzenschutzes
von Bedeutung sein können.

Für eine gezielte Bekämpfung bzw. für den Verzicht auf eine
dieser Wurm-Massnahmen bedarf es somit einer besseren Prognose-Methode. Versuche mit Fanglampen, wie sie auch in Österreich und Ungarn durchgeführt wurden, haben bei uns keine erhebliche Verbesserung der Prognose erbracht. Zur Zeit sind
wir dabei, die Möglichkeit des Einsatzes von Sexuallockstoffen zu testen, um die Prognose zu verbessern. Eine zahlen-
mässige Erfassung der auf den Blütenansätzen bzw. Beeren
vorhandenen Eier scheidet wegen der schwierigen Beobachtung
für eine breite Prognose-Methode aus. Ähnliches gilt für
eine Kontrolle der geschlüpften Räupchen, zumal hier die
Gefahr besteht, daß eine notwendige Spritzung zu spät erfolgen kann und unwirksam wird. Gerade bei der Sauerwurm-
Generation darf es nicht dazu kommen, dass die Raupen bereits
die Beeren annagen, da damit die Gefahr der Sauerfäule gegeben wäre.

Ein weiteres Problem muss hier besprochen werden. Wir
wissen zur Zeit noch nichts über die Höhe der Schadensschwelle für den Wurmbefall. Beim Heuwurm ist diese sicher
höher anzusetzen, da dort ein Verlust an Blütenansätzen
eher in Kauf genommen werden kann. Beim Sauerwurm muss die
Schadensschwelle sicher niedriger liegen. Sie hängt hier
weitgehend von den nachfolgenden Witterungsbedingungen ab,
deren Vorhersage bekanntermassen schwierig ist.

Unsicherheit besteht auch in der Bedeutung der natürlichen
Feinde der Traubenwickler. Neben anderen Parasiten sind
zwar allein an die 100 verschiedene Schmarotzerwespen bekannt, die diesem Schädling nachstellen. Inwieweit einzelne
von ihnen einen Befall zu vermindern in der Lage sind, konnte
bisher jedoch nicht geklärt werden.

Grosse Schwierigkeiten sehen wir mit dem Springwurm auf uns
zukommen, wenn es gelingen sollte, von den routinemässigen
Traubenwickler-Bekämpfungen auf lokal begrenzte, gezielte
Massnahmen überzugehen. Der Springwurm-Wickler ist ein
ausgesprochen ortsunsteter Schädling, der aber lokal, in
den Jahr zu Jahr wechselnden Rebanlagen, bedeutenden Schaden
verursachen kann. Spezifische Prognosemethoden stehen uns
praktisch derzeit nicht zur Verfügung, und auch hier ist
die Bedeutung von Nützlingen unbekannt. Spezifische Bekämpfungsmittel kennen wir nicht. Insofern müssen parallel
zu den Untersuchungen über den Traubenwickler auch solche
über den Springwurmwickler anlaufen, wenn sich integrierte
Pflanzenschutzmassnahmen im Weinbau gegenüber tierischen
Schädlingen durchsetzen sollen.

Unsere Kenntnisse über die Obstbaumspinnmilbe im Weinbau
sind wesentlich weiter fortgeschritten als bei den beiden
anderen genannten Schädlingen. Es ist verhältnismässig
einfach, wenn auch aufwendig, eine Bestandsaufnahme über

die Stärke des Schädlingsbefalls und das Vorhandensein wirksamer Nützlinge vorzunehmen. Hinweise besitzen wir auch über die ungefähre Höhe der Schadensschwelle, die im einzelnen noch festgelegt werden muss. Das Spektrum der möglichen Nützlinge, insbesondere die wirksamen Raubmilben-Arten, haben wir selbst früher untersucht. Die Rote Spinne kann jedoch nicht isoliert betrachtet werden; vielmehr muss sie zusammen mit der Traubenwickler-Bekämpfung und den Spritzungen gegen die pilzlichen Parasiten gesehen werden. Solange wir Insektizid-Einsätze gegen den Wurm mit Präparaten vornehmen müssen, welche die Nützlinge der Spinnmilben abtöten, werden die Roten Spinnen begünstigt. Ausserdem haben wir recht umfangreiche Kenntnisse durch eigene Untersuchungen über die Nebenwirkungen von Fungiziden auf die Spinnmilben-Population. Hier gilt es, diejenigen Mittel auszuwählen und einzusetzen, die einer Massenvermehrung der Roten Spinne entgegenwirken, und die Anwendung von Spinnmilben-fördernden Präparaten einzuschränken, womit wir bereits beachtliche Erfolge erzielen konnten. Die Bedeutung der Kulturmassnahmen, u.a. der Düngung, für den Spinnmilben-Befall soll hier nicht unerwähnt bleiben, wobei man sich darüber klar ist, wie schwierig eine sog. harmonische Düngung in der Praxis zu handhaben ist.

Abschliessend möchten wir noch einige weitere Probleme aufzeigen, die sich im Weinbau ergeben, wenn integrierte Massnahmen in Betracht gezogen werden. Rein technisch ist die Methodik der Bestandserhebung schwieriger als z.B. im Obstbau. Die Klopftrichter-Methode nach Steiner ist in den Anlagen mit Drahtrahmen, die in den meisten Weinbau-Gebieten Deutschlands verwirklicht sind, nur bedingt einsetzbar. In einer Rebzeile von 30 oder 50 m kann immer nur an einer Stelle geklopft und eine Probe entnommen werden, da sich die Erschütterungen bis zum Zeilenende fortsetzen und an einer weiteren Stelle entnommene Proben nicht mehr aussagekräftig sind. Ein anderes Problem stellen die grossflächigen Bekämpfungsgeräte dar. Ihr Einsatz, der aus wirtschaftlichen Gründen neben dem Hubschrauber zunehmend an Bedeutung gewinnt, wird in Frage gestellt werden, wenn in jeder Rebanlage andere Voraussetzungen hinsichtlich des Befalls durch Schädlinge und des Vorhandenseins von Nützlingen gegeben sind.

Neue Schwierigkeiten treten uns durch veränderte Kulturmassnahmen entgegen. So hat sich in den letzten Jahren gezeigt, dass in solchen Rebanlagen, deren Böden mit Stroh abgedeckt worden sind, in gefährlichem Ausmasse Erdraupen als Knospenschädlinge aufgetreten sind. Mit der Zunahme der Dauerbegrünung trat das Problem der Bienengefährdung im Weinbau auf und zugleich nahmen die Mäuse so stark zu, dass Bekämpfungsmassnahmen erwogen werden mussten. Daraus möge entnommen werden, wie nahe die Vorteile der einen Arbeitsweise mit Nachteilen auf der anderen Seite verbunden sind, die neue Probleme aufwerfen. Solche werden auch mit der Einführung integrierter Verfahren im Weinbau nicht ausbleiben. Vorläufiges Ziel unserer Arbeiten wird es aber

sein, die Prognosemethoden für den Traubenwickler auf eine
sichere Basis zu stellen, die Schadensschwellen für die
wichtigsten Schaderreger unter verschiedenen Bedingungen
zu ermitteln und weitere Kenntnisse über die Wirksamkeit
von Nützlingen sowie über die Nebenwirkungen von Pflanzenschutzmitteln zu erlangen, wodurch der Einsatz von chemischen Bekämpfungsmitteln auch im Weinbau begrenzt werden
könnte.

Anschrift des Verfassers: Dr. G. SCHRUFT
                          Staatliches Weinbauinstitut
                          7800 FREIBURG i.Brg.
                          Merzhauser Strasse 119

7. *F. Schütte*

Spezifische Probleme des Integrierten Pflanzenschutzes im Acker- und Feldgemüsebau (Kurzfassung)

Für die wichtigsten zoologischen Schadorganismen der landwirtschaftlichen Kulturpflanzen und die der auf grossen Feldern angebauten Gemüsearten, wie Kohl, Möhren, Bohnen und Erbsen, stehen bekanntlich eine grosse Zahl geeigneter Bekämpfungsmassnahmen zur Verfügung. Da ausserdem bereits so langfristige Prognosen entwickelt wurden, dass sich alle kulturellen Verfahren, selbst der Fruchtwechsel und der Anbau einer resistenten Sorte, gezielt ansetzen lassen, sind zwei entscheidende Voraussetzungen für einen erfolgreichen Einsatz integrierter Bekämpfungsvorhaben vorhanden. Fraglich - und zwar speziell für den Feldanbau - ist aber, ob auch bei der heute üblichen Bewirtschaftung, in der möglichst grosse, einheitliche Felder angestrebt werden, auf denen kein Unkraut wachsen soll, überhaupt noch biotische Gegenspieler in nennenswerter Anzahl vorhanden sind. Nur dann dürfte es aussichtsreich sein, durch Schutz der Gegenspieler eine Reduktion der Massnahmen zu erreichen. Die Überprüfung dieser Frage an mehreren Vertretern der Gattung Pieris, den Weizengallmücken (Contarinia tritici Kirby und Sitodiplosis mosellana Géh.), der Kohlfliege (Phorbia brassicae Bché.) und den Getreideblattläusen hat erkennen lassen, dass zumindest in den Gradationsphasen dieser Arten die Verluste durch Parasiten, Räuber und Krankheiten auch heute noch sehr hoch sind. Daher ist ebenfalls in der Landwirtschaft mit einem erfolgreichen Einsatz der integrierten Bekämpfung zu rechnen.- Im Feldgemüseanbau lässt sich eine weitere Einschränkung des Einsatzes von Pestiziden dadurch erreichen, dass man die Gemüsearten innerhalb der Fruchtfolge an günstige Stellen setzt und sie nur in grösseren zeitlichen Abständen anbaut. Das lässt sich dann leicht und besser als bisher durchführen, wenn man den Anbau dieser Kulturen in der Nähe der Verarbeitungsbetriebe reduziert und in entfernteren Gebieten fördert. Zumindest für Kohl und Möhren dürfte sich diese Forderung ohne grosse Kosten erfüllen lassen, da die Ernte auch längere Transporte ohne qualitative Einbussen übersteht.

Anschrift des Verfassers: Dr. F. SCHÜTTE
Biologische Bundesanstalt für
Land- und Forstwirtschaft
Institut für Getreide-, Ölfrucht-
und Futterpflanzenkrankheiten
2305 KIEL
Schlosskoppelweg 8

8. A. El Titi

Die Bedeutung mobiler Entomophagen für die verschiedenen Kulturen eines Anbaugebietes im Integrierten Pflanzenschutz

Das starke Auftreten der Erbsenblattlaus (Acyrthosiphon pisum H.) in den Erbsenfeldern Bad Friedrichshalls (Kr. Heilbronn) ermöglichte in kurzer Zeit die Entwicklung einer grossen Zahl ihrer natürlichen Feinde. Die Auswirkungen dieser Feinde auf die Blattlauspopulationen war für uns aus verschiedenen Gründen von besonderem Interesse. Zur Ermittlung der Blattlausdichten bedienten wir uns der Klopftrichter-Methode, die uns zwar keine quantitative Angaben ermöglichte, wohl aber eine qualitative. Syrphiden, Coccinelliden und Schlupfwespen waren am stärksten vertreten, weniger zahlreich Florfliegen und räuberische Wanzen. Diese führten zur merklichen Dezimierung der Erbsenlauspopulation. Ehe dieser Vorgang vollendet wurde, waren die Früherbsensorten schon erntereif. Sie wurden innerhalb kurzer Zeit mit Mähdreschern geerntet, wobei ein beträchtlicher Teil dieser Aphidivoren durch das mechanische Ernteverfahren zugrundeging. Ein grösserer Teil aber musste zwangsläufig in die Nachbarfelder überwandern (Getreide, Rüben, Bohnen u.a. Kulturen), wo sie wiederum Blattläuse aufsuchten. Sicherlich sind sie nicht ohne Einfluss auf den dortigen Blattlausbefall geblieben. Dieser Vorgang wiederholte sich bei der Winterweizenernte, als die Aphidophagen, die sich dort aufgehalten hatten, zu dem in der Nachbarschaft gelegenen Kohlfeld überwanderten.

Solche Beobachtungen zeigen deutlich, dass die Wirksamkeit mobiler Feinde nicht auf eine einzige Kultur beschränkt ist, sondern auf mehrere Kulturen eines Anbaugebiets. Damit erhält die Nachbarkultur eine besondere Bedeutung für die Bekämpfung von Schadinsekten. Hierbei muss die Art der Nachbarkultur, deren Vegetationsdauer (Zeitpunkt der Ernte), die Schädlinge (bzw. natürliche Feinde) usw. in die Planung einbezogen werden.

Ein zweites Beispiel dieser Art ist im Kohlanbau beobachtet worden. Bei Neuhausen (Kr. Esslingen) stehen fast das ganze Jahr über Kohlarten auf den Feldern. Der Befall durch die Kohlfliege (Phorbia brassicae) ist sehr gefürchtet, deshalb sind dort prophylaktische Behandlungen die Regel. Dagegen scheint der Kohlgallenrüssler (Ceutorrhynchus pleurostigma) ungefährlich zu sein. Er ist zwar vorhanden, aber als Schädling tritt er kaum in Erscheinung. Bis ca. 12 Gallen pro Strunk (Weisskohl) scheint der Rüssler keinen merklichen Schaden zu verursachen. Interessant war die Beobachtung an Pflanzen, die mittelstarken Rüsslerbefall aufwiesen: Sie zeigten kaum Schädigungen durch Kohlfliegen-Larven. Ob hier ein direkter Zusammenhang bestand muss noch geklärt werden. Zwar kann der Rüssler in höheren Populationsdichten schädlich sein (dies gilt für ein Weisskohlfeld, das eine zweimalige Lannate-Behandlung erhalten hat), doch beherbergen seine überwinternden Larven einige wichtige Parasiten (z.B. Braconiden), die auch andere schädliche Ceutorrhynchus-Arten (wie z.B. C. assimilis, C. napae) parasitieren. Bei

Integriertem Pflanzenschutz wäre somit der Rüssler bei mässigem Auftreten zu dulden, weil er sowohl für den Kohl selbst als auch für einen eventl. benachbarten Raps von Nutzen ist oder zumindest sein kann, ohne dabei wirtschaftliche Schäden zu verursachen.

Das Einbauen dieser Aspekte in ein Programm für den Integrierten Pflanzenschutz im Feldgemüsebau setzt voraus, dass
a) die wirtschaftliche Schadensschwelle für den betreffenden Schädling einer bestimmten Kulturpflanze bekannt ist.
b) die eventuelle Wechselbeziehung zu anderen Schadorganismen bekannt ist.
c) die Wirkungen der für die Bekämpfung des betreffenden Schädlings zur Verfügung stehenden chemischen Mittel auf die natürlichen Feinde bekannt sind.
d) die Bereitschaft des Landwirtes, diese Überlegungen in seiner Fruchtfolge-Planung mit einzubeziehen.

Anschrift des Verfassers: Dr. A. EL TITI
Landesanstalt für Pflanzenschutz
7000 STUTTGART 1
Reinsburgstrasse 107

9. E. Meyer
Möglichkeiten integrierter Pflanzenschutzmaßnahmen im Unterglasbau

In gemässigten und kühlen Klimaten ist der Anbau von Pflanzen unter Glas die intensivste Form des Pflanzenbaus. Hochglasflächen ermöglichen, innerhalb weiter Grenzen die klimatischen Bedingungen den jeweiligen Bedürfnissen anzupassen. Temperatur und Luftfeuchte sowie die Niederschlagsmenge können unabhängig von den Umgebungsbedingungen eingestellt werden. Das Substrat, in dem die Pflanzen wachsen, kann in weiten Grenzen verändert werden. In den letzten Jahren wird auch die Belichtung nach Dauer und Intensität zunehmend geregelt.

Erste Anfänge derartiger geschützter Kulturen sind bereits aus dem Mittelalter bekannt. Sie ermöglichen bei einheimischen Gemüsearten eine Verlängerung der Kulturzeit im Herbst und eine Verfrühung des Bestelltermins. Bereits seit der Barockzeit werden Arten des Mittelmeerklimas wie Orangen, Palmen, Granatäpfel, die während der Sommermonate in Kübeln im Freien stehen, in frostfrei gehaltenen Kalthäusern (Orangerien) eingewintert. Eine weitere, sehr alte Form des Unterglasbaus ist die Pflanzung von Reben und Pflaumen in Gewächshäusern, um dadurch bei früherer Ernte eine bessere Qualität zu erzielen (Brüsseler Trauben). Schliesslich ist es möglich, sogenannte Warmhauspflanzen einschliesslich solcher tropischer Herkunft auf Dauer in entsprechend klimatisierten Häusern zu halten. Derartige Warmhäuser haben ursprünglich ebenso wie die bereits erwähnten Orangerien der Repräsentation gedient. Bekannte Beispiele sind Kew Garden, Frankfurter Palmengarten und das im Kriege zerstörte Palmenhaus Herrenhausen. Warmhäuser dienen heute ausserdem der Erzeugung eines vielartigen Sortiments von Topfpflanzen. Als ein weiterer, an Bedeutung ständig zunehmender Zweig des Unterglasanbaus hat sich der Grossanbau von Schnittblumen herausgebildet. Speziell bei Chrysanthemen hat sich eine Ausdehnung der Blütezeit praktisch über das ganze Jahr ergeben durch Steuerung der Belichtung, die es ermöglicht, diese Kurztagspflanze zu nahezu jedem gewünschten Zeitpunkt zur Blüte zu bringen.

Den vielen vorstehend nur angedeuteten Möglichkeiten der Intensivierung durch Kultur unter Glas stehen als begrenzende Faktoren die hohen Unkosten gegenüber, die mit der Erstellung von Hochglasflächen und entsprechend exakt steuerbaren Heizanlagen verbunden sind. Die Notwendigkeit, die Konstruktion den jeweiligen Erfordernissen der Kultur anzupassen, führt zu einer fortschreitenden Spezialisierung auf nur eine oder einige wenige Arten. Wenn überhaupt eine Fruchtfolge eingehalten wird, ist diese sehr eng. Vielfach wird eine einzige Art immer wieder auf der gleichen Fläche angebaut.

Heute stehen sehr grosse Flächen für den Unterglasanbau zur Verfügung. Unter diesen sind hervorzuheben Schnittblumenkulturen zur Erzeugung gleichmässiger Ware für den Grossmarkt (Nelken, Rosen, Gerbera), ferner Topfpflanzenkulturen (Chrysanthemen, Azaleen und Zyclamen). Daneben stehen vielartige Kulturen sogen. Warmhausgrünpflanzen (Anthurium, Codiaeum, Dieffenbachia, Monstera). Auch bei dem Gemüseanbau unter Glas steht im Vordergrund die Erzeugung von Gurken und Tomaten in grösstmöglichen einheitlichen Partien für die Vermarktung über Versteigerungszentralen.

Mit den vorstehenden Bemerkungen kann die heutige Intensitätsstufe des Unterglasanbaus nur angedeutet werden. Die speziellen Schädlingsprobleme ergeben sich aus dem Gesagten. Sie sollen hier zunächst nur angedeutet werden. Mit Warmhauspflanzen, die aus den verschiedensten Klimabereichen der ganzen Welt stammen, sind zahlreiche Schaderreger (Schmierläuse und Schildläuse, in der Hauptsache aus dem Mittelmeergebiet) bei uns eingeschleppt worden, die in Mitteleuropa auf die Dauer nur im Gewächshaus, nicht aber im Freiland existieren können. Auch die Weisse Fliege (Trialeurodes vaporariorum), heute ein gefürchteter Schädling sowohl in Zierpflanzenkulturen als auch insbesondere im Gemüsebau, ist nicht ursprünglich in Mitteleuropa beheimatet. Weiterhin sind zu nennen einheimische Schaderreger, die das günstige Klima der Unterglasfläche zu stärkerer Vermehrung ausnutzen. Neben diversen Gemüsefliegen und zahlreichen Blattlausarten ist hier insbesondere zu nennen die gemeine Spinnmilbe oder Rote Spinne (Tetranychus urticae). Auch bodengebundene Schädlinge können bei enger Kulturfolge oder in Monokultur bevorzugt im Gewächshaus schädlich werden (Wurzelgallenälchen Meloidogyne, Welkekrankheiten Fusarium, Phialophora, Verticillium). Da sehr viele unter Glas kultivierte Zierpflanzen durch Stecklinge vermehrt werden, können auch an die Pflanze gebundene Schaderreger bevorzugte Entwicklungsmöglichkeiten finden (Tracheomykosen und Virosen bei Nelken und Chrysanthemen.)

Die hohe Intensitätsstufe des Unterglaspflanzenanbaus und der bei optimaler Qualität hohe Geldertrag machen es möglich, auch in die Schädlingsbekämpfung viel zu investieren. Dabei spielt bei den vegetativ vermehrbaren Schnittblumen die Erzeugung eines gesunden Ausgangsmaterials durch Testung der Mutterpflanzen auf Schädlingsbefall oder durch Meristemkultur eine bevorzugte Rolle. Diese Massnahmen werden ergänzt durch Bodenentseuchung mit physikalischen oder chemischen Mitteln, die sicherstellt, dass die gesund herangezogenen Jungpflanzen nicht nachträglich infiziert werden. Bodenentseuchung spielt als Massnahme des Pflanzenschutzes auch bei allen anderen Kulturen eine Rolle, bei der bodengebundene Schädlinge auftreten können.

Bei den vorstehend angedeuteten Massnahmen, die auf die Gewinnung gesunden Ausgangsmaterials für die Kultur abzielen, ist eine Interferenz bezüglich der Wirkung natürlicher Feinde im Sinne Integrierten Pflanzenschutzes nicht möglich. Massnahmen an den Pflanzen erfolgen labormässig, ausserdem wird der noch unbewachsene Boden behandelt. Anders ist die Situation bei den Schaderregern, die weder an den Boden gebunden sind, noch endoparasitär nur mit der Pflanze weiterverbreitet werden. Es sind das alle Schaderreger, die oberirdische Pflanzenteile schädigen und sich unabhängig von der Pflanze ausbreiten können. Diese können wie im Freiland durch Spritzen und Stäuben mit chemischen Präparaten bekämpft werden, daneben finden Verfahren Anwendung, die im Freiland kaum praktikabel sind, z.B. das Vernebeln (Verdampfen von Schwefel oder organischen Insektiziden) oder das Giessen systemisch wirkender Insektizide und - noch in Erprobung - auch Fungizide.

Bei allen diesen Verfahren mit Ausnahme des Giessens ist es kaum möglich, gezielt so zu arbeiten, dass neben dem Schaderreger etwa vorhandene Nützlinge nicht mit erfasst werden. Praktisch nutzbare Möglichkeiten des Einsatzes von natürlichen Feinden der Schaderreger sind bei der Bekämpfung der gemeinen Spinnmilbe und der Weissen Fliege gegeben. Auf diese beiden Beispiele möchte ich mich hier beschränken.

1) Die Raubmilbe Phytoseiulus persimilis wurde von Dosse in Kultur genommen, nachdem sie mit einer Sendung von Spinnmilben aus Chile zufällig in seine Hände gelangt war. Sie erwies sich als hervorragend geeignet zur Bekämpfung der Spinnmilbe und wird seit einer Reihe von Jahren in wissenschaftlichen Instituten in verschiedenen europäischen Ländern gehalten, um sie bei Bedarf an die Praxis abzugeben.

Eigene Versuche in kleinem Rahmen haben ergeben, dass auch starke Spinnmilbenpopulationen in kurzer Zeit durch diese streng monophage Raubmilbe völlig ausgerottet werden können. Die Schwierigkeit bestand wie auch von zahlreichen Autoren bestätigt wird, nicht so sehr in der Haltung der Raubmilbenzucht, als vielmehr darin, dass selbst bei räumlicher Trennung eine Verschleppung der Raubmilben in die Spinnmilbenzucht nur schwer verhindert werden kann.

Spinnmilben und Raubmilben vermehren sich beide bisexuell. Die Nachkommenschaftsgrösse pro Weibchen ist in etwa gleich, die Generationsfolge der Raubmilbe aber doppelt so rasch wie die der Spinnmilbe. Da ausserdem für jedes abgelegte Raubmilbenei im Durchschnitt etwa 5 Spinnmilben als Ernährung zur Verfügung stehen müssen, ist es leicht ersichtlich, dass die Raubmilbenvermehrung nach kurzer Zeit die der Spinnmilben überholt und die Spinnmilbenpopulation zum Zusammenbruch bringt. Diese hervorragende Leistungsfähigkeit von Ph. persimilis bringt es mit sich, dass in vielen Fällen ein Gleichgewicht zwischen Schaderreger und Nützling nicht zustande kommt. Vor allem ist es schwierig, die Populationen der Spinnmilben und der Raubmilben auf einem niedrigen, in Bezug auf die Spinnmilbe unschädlichen Niveau festzuhalten. Anregungen zur Erreichung dieses Zieles gehen dahin, dass bei niedrigerer Temperatur die Vermehrung der Raubmilben stärker abnimmt als die der Spinnmilben. Die Populationen der letzteren sollen sich unter diesen Bedingungen in geringer, unschädlicher Dichte erhalten lassen. Leider sind der praktischen

Befolgung dieser Hinweise Grenzen gesetzt, da die Einhaltung entsprechend niedriger Temperaturen in den Sommermonaten schwierig und vielfach aus pflanzenbaulichen Gründen unerwünscht ist.

In der Praxis ist bisher eine regelmässige Wiederholung der Einsetzung der Raubmilben erforderlich, da in jedem Falle auch nach völliger Ausrottung der Spinnmilben mit ihrer Neueinwanderung aus dem Freiland zu rechnen ist. Diese wiederholte Neueinbürgerung muss so erfolgen, dass für die Raubmilbe immer ausreichend Spinnmilben als Nahrung verfügbar sind, aber keine ins Gewicht fallende Vermehrung des Schädlings eintritt.

Für die Bekämpfung der Spinnmilbe an Gurken gibt Hussey (1967) folgendes Verfahren an: Nachdem Hussey u. Parr 1963 gezeigt haben, dass die Beschädigung von 30 % der Blattfläche entsprechend einem Schadensindex v. 1,9 durch Spinnmilben ertragen werden können, ohne den Ertrag zu beeinflussen, musste der Einsatz der Raubmilbe so gesteuert werden, dass diese Grenze niemals überschritten wird. Hussey schlägt vor, zunächst eine gleichmässige Verseuchung mit Spinnmilben etwa 3 Wochen nach der Pflanzung vor der Zuwanderung überwinternder Milben im Frühling vorzunehmen. Diese Verseuchung soll herbeigeführt werden durch Aufsetzen von Blättern der Gartenbohne mit je etwa 10-20 Spinnmilben auf jede Pflanze. Wenn ein Schadensindex von 0,4 erreicht ist, - gewöhnlich etwa 1 Monat nach der Pflanzung - müssen auf jede zweite Pflanze zwei Raubmilben aufgesetzt werden. Im Laufe des nächsten Monats wird der Schadensindex auf 1,2 ansteigen. Ph. persimilis wird zu diesem Zeitpunkt das Wachstum der Milbenpopulation stoppen, in weiteren 10 Tagen wird die Spinnmilbenpopulation praktisch vernichtet. Der Prädator kann weitere 3 Wochen ohne Ernährung überleben. Durch aus dem Freiland zugewanderte Milben kann er weiterhin am Leben gehalten werden, wenn nicht, sollten in dreiwöchigen Intervallen erneut Spinnmilben eingesetzt werden.

Bei Wiederholung des Verfahrens in weiteren Jahren sollten wieder Spinnmilben zugesetzt werden, aber etwa 6 Wochen später als im ersten Jahr. Prädatoren müssen nur auf jede fünfte Pflanze aufgesetzt werden. Sie werden die Spinnmilben auch in diesem Falle vernichten, wenn der Schadensindex von 1,2 erreicht ist.
Gelegentlich kann bei heissem Wetter Ende Juni eine Sammlung von Spinnmilben an den Triebspitzen der Pflanzen eintreten und dadurch an diesen Stellen schwere Schäden verursachen. In diesen Fällen wird trotz Vorhandensein der Raubmilben eine chemische Bekämpfung mit Tetradifon notwendig. Dadurch wird auch die Raubmilbe geschädigt, aber dieser Nachteil kann eingeschränkt werden durch ausschliessliche Besprühung der Oberseite der Blätter, da der Wirkstoff durch die Blattfläche hindurch die Schadmilben abtötet.

Das geschilderte Verfahren ist einer Einführung der Raubmilbe zum Zeitpunkt des natürlichen Erscheinens der Spinnmilbe vorzuziehen, weil in diesem Falle die erforderliche Zahl und gleichmässige Verteilung der Raubmilbe nicht rechtzeitig erreicht wird. Der Einsatz der Raubmilbe Ph. persimilis zur Spinnmilbenbekämpfung ist unter den geschilderten Voraussetzungen auf Gurken problemlos, solange keine weiteren Schädlinge auftreten. Es kann unter den gleichen Voraussetzungen auch bei anderen Kulturen erfolgen, u.a. auch bei Zierpflanzen, wenn diese nur von Spinnmilben befallen sind. In anderen Fällen können durch die notwendigen Massnahmen gegen weitere Schädlinge die Erfolgsaussichten entscheidend gemindert werden. Dieser Schwierigkeit steht der Vorteil gegenüber, dass die Verwendung chemischer Pflanzenschutzmittel, die manche Zierpflanze schädigen, eingeschränkt werden kann.

2) Die Verwendung der Schlupfwespe Encarsia formosa zur Bekämpfung der Weissen Fliege ist bereits 1929 (Speyer) erstmalig durchgeführt worden. Auch in diesem Falle besteht die Schwierigkeit, dass eine ausreichende Vermehrung des Parasiten zu einem möglichst frühen Zeitpunkt erreicht werden soll. Von Wyatt (1970) wird vorgeschlagen, bei Gurken Anfang April 8-10 erwachsene Weisse Fliegen an jeder zweiten Gurkenpflanze anzusetzen. Etwa 14 Tage später, nachdem die Eiablage erfolgt ist und die Larven der Weissen Fliege eine hinreichende Grösse erreicht haben, werden Röhrchen mit je 200 von E.formosa parasitierten Larven auf je 25 Pflanzen angesetzt. Dadurch sollen in weiteren zwei Wochen etwa 5-10 % parasitierte Larven erreicht werden. Eine weitere Erhöhung des Parasitierungsgrades soll in den folgenden Generationen eintreten.

Auch in diesem Fall kann eine lokale Massierung erwachsener Weisser Fliegen an den Triebspitzen eintreten. Diese kann durch Spitzenbehandlung mit Malathion beseitigt werden.

Bei dem Einsatz von E.formosa ist ebenso wie bei Ph.persimilis der natürliche Gegenspieler die wichtigste Bekämpfungsmassnahme. Der gelegentliche Einsatz chemischer Bekämpfungsmittel beschränkt sich auf die Triebspitzen, ohne das biologische Gleichgewicht ernstlich zu gefährden. Auf diese Weise wird auch ein strenger Selektionsdruck im Hinblick auf Insektizidresistenz vermieden. Empfindliche Stämme der Schaderreger können wiederhergestellt werden. Wenn dann chemische Mittel verwendet werden müssen, werden sie um so wirksamer sein.

Weitere Schädlinge an Gurken sind Blattläuse sowie der Blasenfuß Thrips tabaci. Die Blattläuse werden befallen von Schlupfwespen (Aphidius-Arten), die aber sich weniger rasch vermehren als die Blattläuse, so dass sie allein für biologische Bekämpfung nicht in Betracht kommen. Versuche einer biologischen Bekämpfung durch Einführung schwer parasitierter Lauspopulationen in die Kultur haben bisher noch keinen Erfolg gehabt.

Unbeschadet der Verwendung natürlicher Feinde gegen Weisse Fliege und Rote Spinne ist es aber möglich, die Blattläuse durch selektive Aphizide zu bekämpfen. Als zweckmässig hat

sich erwiesen die Verwendung von Pirimicarb, das entweder
als Giessmittel oder als Spritzmittel mit geringem Druck
ausgebracht werden soll. Auch in diesem Fall wirkt das Mittel durch die Blattfläche hindurch. Bei richtiger Anwendung
werden die Spinnmilben und ihr Prädator nicht beeinträchtigt. Auch Nicotin- oder Lindanräuchermittel können verwendet werden. Sie schaden aber bis zu einem gewissen Grade
den Nützlingen.

Thrips tabaci macht als Nymphe ein Ruhestadium im Boden
durch. Es ist infolgedessen möglich, ihn durch Giessen
des Bodens vor oder nach der Pflanzung mit Gamma HCH oder
Diazinon zu bekämpfen. Der Fortschritt der biologischen
Bekämpfung auf den Blättern wird dadurch nicht berührt.

Insgesamt sind die Möglichkeiten Integrierter Pflanzenschutzmassnahmen im Unterglasanbau heute noch gering. Fortschritte sind bei dem Einsatz von Ph.persimilis gegen Rote
Spinne zu erwarten durch die Erarbeitung chemischer Bekämpfungsverfahren, die es gestatten, die Populations-
bewegung beider Partner so zu steuern, dass möglichst
langfristig eine Stabilisierung auf einem niedrigen Niveau erreicht wird, ohne einen der beiden Partner völlig
auszuschalten. Im Hinblick auf die Nutzung von E.formosa
gegen Weisse Fliege ist die Ausgangssituation günstiger.
Es erscheint aber auch hier kaum möglich, ganz auf chemische Bekämpfungsmittel zu verzichten. Die Erarbeitung
wirksamer biologischer Methoden gegen Blattläuse und
Schildläuse steht noch aus. Fortschritte sind hier in
erster Linie durch spezifisch wirksame Präparate zu erwarten, die eine Interferenz mit den gegen Rote Spinne
und Weisse Fliege wirksamen Prädatoren vermeiden würden.

Anschrift des Verfassers: Prof. Dr. E. MEYER
                          Institut für Pflanzenkrankheiten
                          und Pflanzenschutz
                          der Technischen Universität
                          3000 HANNOVER - HERRENHAUSEN
                          Herrenhäuser Strasse 2

10. *U. Schindler* †
Integrierter Forstschutz in Niedersachsen – Beispiele aus dem Jahr 1971

Entsprechend der stürmischen Entwicklung, welche der chemische Pflanzenschutz nach dem Zweiten Weltkrieg durchlief, kam es auch im Forstschutz zu einer stärkeren Anwendung chemischer Mittel. Man muss jedoch feststellen, dass dank der Eigenarten der langfristigen forstlichen Produktionsweise chemische Pflanzenschutzmittel im Walde nach Intensität und Fläche in wesentlich begrenzterem Umfang verwendet wurden als in anderen Gebieten des Pflanzenschutzes. Eine Schätzung besagt, dass vom gesamten Wald unter 1 % der Fläche je mit Fungiziden und Herbiziden und nur 1 - 2 % mit Insektiziden behandelt wird (Hanf, 1966). Von Grossaktionen mit Flugzeugen wurden zum Beispiel in Nordwestdeutschland von 1947 bis 1969 durchschnittlich jährlich nur 0,05 % der Waldfläche erfasst (Schindler, 1970). In Bayern gab Wach (1969) für 1948 bis 1968 jährlich 0,1 % der Staatswaldfläche an, auf der Grossaktionen gegen Forstinsekten stattfanden; wenn man den Privatwald dazurechnet, lagen dort die Verhältnisse ähnlich wie im **Norden** der Bundesrepublik. Forstschutzmittel kommen in der Praxis überwiegend auf kleineren Flächen von wenigen Hektar Grösse in jungen Beständen zum Einsatz. Die Notwendigkeit, in älteren Beständen gegen **sogenannte** "Grossschädlinge" vorzugehen, besteht **seltener**, die dann gelegentlich durchgeführten aviochemischen Einsätze fallen nur wegen ihres spektakulären Ausmasses für die Öffentlichkeit mehr ins Auge. Weitaus der grösste Teil auch der Wirtschaftswälder ist biologisch noch so intakt, dass sich die Anwendung von Pflanzenschutzmitteln in ihnen auf Ausnahmefälle beschränkt - von allen Komponenten unserer Landschaft ist der Wald noch immer der natürlichste und gesündeste Teil.

Zwar prägte man den Begriff Integrierte Bekämpfung erst in den letzten Jahren, der Sache nach wurden jedoch kombinierte Massnahmen im Walde schon fast seit einem Jahrhundert durchgeführt. Es gibt **zahlreiche** Forstschutzbeispiele, bei denen durch gezielte Kultur-, Pflege- und Hiebsmassnahmen auftretende Schädlinge dezimiert und durch gelegentliche Kombination mit mechanischen und in neuerer Zeit chemischen Bekämpfungen in sinnvoller Weise ergänzt wurden. Typische Beispiele dafür sind bei der Borkenkäferbekämpfung das Legen von Fangbäumen und die mechanische Entrindung befallener Stämme oder bei der Engerlingsbekämpfung der Vollumbruch, verbunden mit dem Einbringen von Düngemitteln, welche die Engerlinge stark schädigen (Schwertfeger, 1970 a).

Je mehr in letzter Zeit die Nachteile übertrieben intensiv durchgeführter chemischer Bekämpfungen erörtert werden, desto mehr bemüht man sich, im Rahmen integrierter Massnahmen die biologischen Methoden zum Einsatz zu bringen. Obwohl uns aus der Literatur dafür viele Möglichkeiten bekannt sind (Franz, 1961, Franz u. Krieg 1972) und in einzelnen Fällen Schädlinge mit Hilfe biologischer Gegenspieler unter die Schadensschwelle herabgedrückt werden konnten (Franz, 1970), so müssen wir doch zugeben, dass es bisher in den meisten Fällen der rauhen Forstschutzpraxis schwer oder gar unmöglich ist, mit effektvollen, praktikablen und preiswerten biologischen Methoden gegen Forstschädlinge vorzugehen.

Im Folgenden wird an Hand einiger Beispiele gezeigt, wie in diesem Dilemma die beratende Forstschutzstelle eines Landes im Sinne des Integrierten Pflanzenschutzes auf die Praxis Einfluss nehmen kann. Dabei ist zu erwähnen, dass im Lande Niedersachsen eine Forstschutzvorschrift (Fsv, 1960) Geltung hat, die alle Förstereien und Forstämter im Staatswald und den von der Staatsforstverwaltung betreuten Körperschaftsforsten (zusammen 56 % der Waldfläche)anweist, bei grösserem Schädlingsauftreten die Abteilung Waldschutz der Versuchsanstalt hinzuzuziehen und sich ihre Beratung zunutze zu machen. Bei Grossaktionen bestimmt die Abteilung Waldschutz nach vorheriger Untersuchung und Prognose die Methoden und Mittel, die zum Einsatz kommen. Da sich die den Privatwald betreuenden Forstämter der Landwirtschaftskammern dieser Regelung angeschlossen haben, finden in den gesamten niedersächsischen Wäldern keine umfangreichen Bekämpfungen, insbesondere Befliegungen, ohne fachliche Beratung statt.

Eichenwickler (Tortrix viridana L.)

Die Larven des Eichenwicklers verursachen in zahlreichen Beständen Niedersachsens alljährlich erheblichen Schaden, vielfach sogar Kahlfrass. Um die mit 2 - 4 fm je Jahr und Hektar ermittelten Zuwachsausfälle (Jüttner 1959) zu vermeiden, hatte man in den fünfziger Jahren, als die Ertragslage der Forstverwaltungen besser war als heute, auf grösseren Flächen Befliegungen gegen diesen Schädling durchgeführt (Schindler, 1970). Dagegen unterblieben im vergangenen Jahrzehnt derartige Aktionen wegen der misslichen finanziellen Situation der Forstbetriebe.

1971 bat die Forstabteilung des Regierungsbezirks Lüneburg die Abteilung Waldschutz um Beratung, weil ihr daran gelegen war, in dem berühmten alten Waldgebiet der Göhrde von Furniereichen-Altholzbeständen autochthones Saatgut für Neuanpflanzungen zu gewinnen. Aus Gründen des Umweltschutzes kam das früher dabei eingesetzte, nun für diesen Zweck nicht mehr zugelassene DDT nicht in Frage. Durch eine Befliegung mit einem Bacillus thuringiensis-Präparat, dem Thuricide HP der Firma Cela/Ingelheim, wurde das Ziel, die Blüte der Eichen zu schützen, voll erreicht. Ein Hubschrauber beflog 126 ha mit einer Sprühbrühe von 500 g des Präparates gelöst in 50 l Wasser je Hektar bei Kosten von rund 80 DM je ha. Die Abtötung der Raupen betrug 70 - 80 %, die Belaubung der besprühten Bestände blieb, von wenigen Eichen abgesehen, nahezu vollständig erhalten. Es entwickelte sich eine gute Mast, während es in der unbehandelten Umgebung wie fast alljährlich zu starkem Raupenfrass kam. Dieses Verfahren, bei dem gegenüber einer Insektizidanwendung alle Nützlinge überle-

ben, ist für den genannten Zweck recht geeignet. Der Wert
des im Forstamt Göhrde eingesammelten Saatgutes wog einen
erheblichen Teil der Bekämpfungskosten auf (Einzelheiten
s. Altenkirch, Niemeyer u. Schindler, 1972).

Lärchenminiermotte (Coleophora laricella Hübn.)

Die Lärchenminiermotte ist in Nordwestdeutschland ein ver-
breiteter Schädling. Im künstlichen Anbaugebiet ihrer beiden
Wirtsbäume, der Europäischen und der Japanischen Lärche, muss
man sie als Dauerschädling mit langfristigem Massenwechsel
bezeichnen (Schindler, 1968). Unabhängig davon hat sich wegen
extremer Bedingungen im Aufforstungsgebiet des Emslandes ein
besonderes Kalamitätsgebiet entwickelt. Die dort auf sehr
armen Standorten stockenden, nach dem Kriege zuerst ohne Düngung und wegen der Konkurrenz des Heidekrautes recht dicht
gepflanzten Japanischen Lärchen gediehen anfangs leidlich,
weil das feuchte maritime Klima ihnen zusagt. Jedoch bieten
die nun heranwachsenden Dickungen mit ihrem Dichtstand der
Motte ideale Vermehrungsbedingungen. Daher wurden in den vergangenen Jahren sowohl in den staatlichen wie privaten Wäldern auf grösserem Areal Bekämpfungen erforderlich. Sie lassen sich mit gutem Erfolg gegen die minierenden Junglarven
im August mit Präparaten der Wirkstoffgruppe Dimethoat, einem
nur kurze Zeit wirkenden Phosphorester, durchführen. In Hinblick auf die Gesamtbiozönose ist es dabei positiv zu beurteilen, dass die Lärche den die Masse der Bestände ausmachen-
den Kiefernkulturen bzw. -dickungen stets nur in kleinflächi-
gen Streifen beigemischt wurde, die höchstens wenige Hektar
gross sind, zumal die Baumart Lärche im ganzen in der Regel
nicht mehr als 20 % der Fläche einnimmt.

Nach umfangreichen Versuchen in den Jahren 1968 - 1970 mit
Bodengeräten und zwei Erprobungsbefliegungen auf Flächen
von 10 und 20 ha (Schindler, 1971 a) konnte nun erstmals
ein Grossversuch im Konzentratsprühverfahren (Ultra low
volume - Methode) auf 135 ha mit Malathion conc. in einer
Aufwandmenge von 1,33 l je Hektar durchgeführt werden. Dieser
Wirkstoff, der unter den Insektiziden die weitaus geringste
Giftigkeit besitzt, hat eine LD-50 (= letale Dosis zur Er-
zielung von 50 % Mortalität der Versuchstiere) von 1845;
zum Vergleich DDT 250, Lindan 125, E 605 forte 7 (Angabe
in mg je kg Körpergewicht der Versuchstiere). Dank rascher
Verdunstung verliert Malathion nach 2 - 3 Tagen seine Wirkung. Daher ist Malathion für das ULV-Verfahren, bei dem
man immer mit einer gewissen Abdrift rechnen muß, besonders geeignet. Dank seiner Tiefenwirkung war der Effekt
gegen die minierenden Junglarven der C. laricella der
gleiche wie beim bisher üblichen Sprühen mit Dimethoat in
50 l Wasser je ha. Die Kosten betrugen jedoch nur 1/3 gegenüber denjenigen des herkömmlichen Sprühens. Nebenschäden
wurden bei dieser Aktion, wie auch bei den sorgfältig kon-
trollierten Versuchen in den Vorjahren, nicht beobachtet.
Es muss betont werden, dass diese Methode nur für grosse
Waldgebiete in Betracht kommt, wo die Abdrift keine Rolle
spielt, an einen Einsatz in der Nachbarschaft von landwirt-

schaftlichen Kulturen, Gärten, Parks und Siedlungen ist
nicht gedacht. Weitere Einzelheiten über die Befliegung
wurden an anderer Stelle mitgeteilt (Schindler, 1972 a).

Ähnlich wie bei anderen Kleinschmetterlingen, z.B. dem
Eichenwickler oder dem Kiefernknospentriebwickler, erholt
sich der Besatz der Lärchenminiermotte selbst nach durchaus erfolgreichen chemischen Aktionen in der Regel in einer
Frist von einigen Jahren wieder. So entsteht im Emsland alle
paar Jahre die Notwendigkeit einer **Bekämpfung**, um die beträchtlichen Zuwachsschäden zu vermeiden. In dieser unbe-
friedigenden Situation brachte der Verfasser auf der Suche
nach anderen Sanierungsmöglichkeiten einen grösseren Vogel-
schutz-Versuch in Gang, da aus der Literatur bekannt ist,
dass insbesondere Meisen den Besatz der Lärchenminiermottenlarven erheblich reduzieren können.

Um diese für die Aufforstungsgebiete des Emslandes wichtige
Frage zu klären, wurde 1965 im Forstamt Lingen auf einer
Fläche von rund 40 ha mit einer anteiligen Fläche von 13,5 ha
Lärche ein Versuch mit 200 Holzbeton-Nisthöhlen für Meisen
angelegt. Theoretisch standen den Vögeln 15 Höhlen auf einem
Hektar Lärchenfläche zur Verfügung. Sonstige Brutgelegenhei-
ten waren für Höhlenbrüter in diesem Aufforstungsgebiet, in
dem im Umkreis von 2 km keine alten Bäume stehen, nicht vorhanden. Die überwiegend an den Rändern der Dickungen in
Augenhöhe aufgehängten Höhlen wurden gleich in den ersten
Jahren gut angenommen. In den Jahren 1966 - 1969 waren durchschnittlich 42% der Höhlen von Vögeln besetzt, davon 34 %
von **Meisen**. Durch Fütterung liessen sich die Meisen auch im
Winter an das Gebiet gewöhnen (Futter-Silos). Sie streiften
in Trupps - manchmal wurden über 100 Tiere gezählt - durch
die Dickungen und suchten die jungen Bäume nach überwinternden Larven der Lärchenminiermotte ab, die an den Triebenden
gehäuft sitzen und für die Vögel eine leichte Beute sind.

Um den Einfluss der Vögel zahlenmässig zu erfassen, be-
schritten wir zwei Wege. Zunächst schirmten wir durch
Einbeuteln mit Gaze Bäume bzw. Baumteile den ganzen Winter über vor den Vögeln ab. Besatzermittlungen im November
1967 unmittelbar vor dem Einbeuteln und im März des nächsten Jahres, sowohl an den numerierten eingebeutelten wie
auch an benachbarten freien Bäumen, liessen die Besatz-
minderung an den frei stehenden Lärchen erkennen. Diese
betrug an 27 ungeschützten Lärchen 24 % gegenüber den benachbarten 27 mit Gaze überzogenen Bäumen. Von **geringfügig**
beteiligten anderen Ursachen abgesehen, dürfte die Reduktion
weitgehend auf die Vögel zurückzuführen sein.

Eine noch klarere Möglichkeit, den Einfluss der Vögel nachzuweisen, besteht darin, gegen Ende des Winters von möglichst vielen breit über das Schutzgebiet verteilten Lärchen Triebe mit überwinternden Larven zu entnehmen und im
Laboratorium zu untersuchen. Die Meisen haben eine spezielle
Methode, die überwinternden Lärchenminiermottenlarven zu
fressen: sie reissen nicht immer das ganze Säckchen vom Zweig,
sondern zupfen es an der aussen liegenden Seite bzw. an der

Spitze auf und ziehen dann die Larve heraus. So entsteht
ein typisches Frassbild, das selbst mit blossem Auge gut erkennbar ist. Die Auszählung von Proben, die im März 1968 aus
dem Vogelschutzgebiet entnommen worden waren, ergab an den
37 Probebäumen mit 4210 untersuchten Kurztrieben eine Reduktion des Larvenbesatzes durch **Vogeleinfluss** in der Winter-
zeit je nach Probeplatz von 5 bis 57 %, im Durchschnitt 28 %
(Schindler, 1972 b).

Nach diesen ermutigenden Ergebnissen haben wir seit 1970 in
grossen Teilen der Försterei Elbergen des Forstamtes **Lingen**
in den Gebieten mit dem bisher stärksten Schaden durch die
Lärchenminiermotte 500 Nisthöhlen aufgehängt und erhoffen
uns eine Senkung des Schädlingsbesatzes bis in die Nähe der
Schadensschwelle, so dass in Zukunft Eingriffe mit chemischen
Mitteln möglichst vermieden werden können.

BUCHDRUCKER (Ips typographus L.)

Unter den Borkenkäfern gehört der Buchdrucker oder Grosse
Fichtenborkenkäfer zu den gefährlichsten Arten, da er bei
entsprechend hohem Besatz zu primären Angriffen auch auf
gesunde Bäume fähig ist. Zusammen mit anderen Arten konnte
sich der Buchdrucker im letzten Jahrzehnt stark vermehren,
weil viele betriebswirtschaftliche Gründe, wie hohe Lohn-
kosten, Mangel an Arbeitskräften, späte Entrindung, säumige
Abfuhr und geringe Holzerlöse, die im Interesse des Forst-
schutzes erforderliche "saubere Wirtschaft" mehr oder weniger
verhinderten.

Eindämmen lassen sich Borkenkäfervermehrungen bekanntlich
durch Fangbäume, in die sich die Schädlinge zur Brutzeit
einbohren. Seit der grossen Borkenkäferkalamität nach dem
Zweiten Weltkrieg wurden die Fangbäume mit Insektiziden,
insbesondere aus der Gruppe der HCH-Mittel, begiftet, da
man der Meinung war, die Attraktivität der Stämme für die
Käfer leide nicht darunter. Die vielen toten Käfer, die
unter derartigen Giftfangbäumen gefunden wurden, schienen
dies zu bestätigen.

Bestimmte Beobachtungen liessen jedoch an der überlieferten
Meinung Zweifel aufkommen und der Verfasser legte daher
seit 1967 systematische Versuche zu der Frage an. Inzwischen
wurde von Forschungen über amerikanische Borkenkäfer bekannt, dass entscheidend für die Intensität des Anfluges
an einen Fangbaum die Wirkung arteigner geschlechts- und
populations-spezifischer Lockstoffe, der Pheromone, ist
(Vité 1965 u. 1970). Nach diesen Arbeiten fliegen die zuerst schwärmenden Käfer gegen den Wind und erkennen als
Brutmaterial geeignete geworfene oder gebrochene bzw. durch
den Menschen zu Boden gebrachte Bäume an deren spezifischen
Geruchsstoffen. Sobald sich die Käfer dann einbohren, sondern sie selbst Pheromone ab, die auf die nachfolgend **schwär-**
menden Artgenossen anlockend wirken, die nun ihrerseits **ziel-**
gerichtet die zuerst besiedelten Bäume anfliegen.

An mit Insektiziden behandelten Stämmen kommt es dagegen nur
in geringem Umfang oder gar nicht zur Ausscheidung von Phero-

monen, weil die ersten Käfer an diesen Stämmen bald dem Gift erliegen. Die Masse der später fliegenden Käferpopulation lässt diese Giftfangbäume dann mehr oder weniger unbeachtet. Sie wird zu Bäumen gelockt, wo die zuerst fliegenden Artgenossen ihr Brutgeschäft ohne Gifteinwirkung in Angriff nehmen und ihre Lockstoffe normal ausscheiden konnten.

Unsere mehrjährigen Untersuchungen zeigten ähnliche Ergebnisse wie die an amerikanischen Borkenkäferarten gewonnenen Erkenntnisse: An unbegifteten Fangbäumen war gegenüber begifteten Stämmen im Durchschnitt ein fünffach stärkerer Anflug zu verzeichnen.

Nach solchen Ergebnissen empfahlen wir der Praxis, von der herkömmlichen Begiftung der Fangbäume abzulassen (Schindler, 1971 b). Die unbegifteten Fangbäume müssen natürlich beim Heranwachsen der Larven bzw. wenn sich die ersten Puppen bilden, mechanisch geschält werden. Dabei bedarf es keines Insektizideinsatzes, denn Larven und Puppen sterben dann durch Vertrocknen. Auf diese Weise konnte der Effekt der Fangbäume intensiviert und der Einsatz von Chemikalien im Walde reduziert werden. Die übrigen Forstbehörden Westdeutschlands haben sich inzwischen diesem Vorgehen angeschlossen.

KLEINE FICHTENBLATTWESPE (Pristiphora abietina Christ.)

Im Zuge ihres langfristigen Massenwechsels folgte einem starken Auftreten der Kleinen Fichtenblattwespe von 1950 - 1956 in Nordwestdeutschland von 1957 - 1969 eine Latenzzeit. Jedoch war seit 1970 ein erneuter Anstieg festzustellen, der sich vor allem im Gebiet nördlich Hannover in der Lüneburger Heide bemerkbar machte. Dort kam es 1971 (Schindler, 1972 c) und 1972 zu beachtlichen Schäden. Jüngere Kulturen und Weihnachtsbaumpflanzungen bedürfen einer sofortigen Entlastung, hier wird man bei stärkeren Befall um eine Begiftung mit Insektiziden nicht herumkommen. In älteren Beständen, in denen sich der Schaden erst im Laufe der Jahre auswirkt, erwies sich der Einsatz von Insektiziden dagegen als problematisch, da laufend mit Neuzuflug aus der Nachbarschaft zu rechnen ist. Während der früheren Kalamität konnten wir positive Erfahrungen mit dem langfristigen Einsatz von Waldameisen gewinnen (Schwerdtfeger, 1970 b). Aufbauend auf diesen Arbeiten siedelten wir nun bei Beginn der neuen Vermehrung Ameisen in einigen Forstorten der Lüneburger Heide an, die sich 1972 gut eingelebt und vermehrt haben. Auch hier besteht nach den früheren Erfahrungen mit der Kleinen Fichtenblattwespe die begründete Hoffnung, dass der Schädling durch die Ameisen unter die Schadensschwelle gedrückt wird.

ZUSAMMENFASSUNG

In Niedersachsen werden die Eigentümer des öffentlichen und privaten Waldes bei wichtigen Forstschädlingsauftreten und bei grösseren Forstschutzvorhaben durch Untersuchungen, Prognosen und Beratungen von der Abteilung Waldschutz der Niedersächsischen Forstlichen Versuchsanstalt unterstützt. Dadurch ergeben sich günstige Einflussmöglichkeiten, inte-

grierten Forstschutz zu betreiben. Dies wird für 1971 mit
einigen Beispielen erläutert.

Im Forstamt Göhrde in der Lüneburger Heide wurden furnier-
fähige Alteichenbestände, die stark vom Eichenwickler,
Tortrix viridana L., befallen waren, auf 126 ha mit einem
Bacillus thuringiensis - Präparat beflogen. Hierdurch konnten Zuwachsverluste weitgehend vermieden und die Mast überwiegend gerettet werden, die als autochthones Saatgut für
neu zu begründende Bestände dringend gebraucht wird.

Im Aufforstungsgebiet des Emslandes wurde sehr starker Befall der Lärchenminiermotte, Coleophora laricella Hübn.,
auf 135 ha mit dem geringgiftigen und nur wenige Tage wirkenden Insektizid Malathion im äusserst kostengünstigen
ULV-Verfahren behandelt. Um langfristig eine Sanierung der
Lärchenbestände zu erreichen, wurden 500 Nisthöhlen für
Höhlenbrüter, insbesondere Meisen, ausgebracht, die in einem
Versuchsgebiet mit durchschnittlich 15 Höhlen je ha von
1965 bis 1969 die Larven der Motte während der langen Win-
terzeit erheblich dezimiert hatten.

Gegen die Vermehrung des Buchdruckers, Ips typographus L.,
setzte man seit dem 2. Weltkrieg mit HCH-Mitteln begiftete
Fangbäume ein. Unsere Untersuchungen ergaben in Abhängigkeit vom Mechanismus der art- und geschlechtsspezifischen
Pheromone eine wesentlich grössere Attraktivität der Fangbäume, wenn sie unbegiftet bleiben. An unbegiftete Fangbäume flogen 5mal mehr Buchdrucker an als an begiftete.
Durch entsprechende Empfehlung liess sich in der Praxis
der Effekt steigern und der bisherige Insektizideinsatz
vermindern.

Eine erneute Vermehrung der Kleinen Fichtenblattwespe,
Pristiphora abietina Christ., gab Veranlassung, in einigen
stark von den Larven befressenen Beständen Ameisen anzu-
siedeln. Während einer früheren Kalamität waren die Ameisen
bei langjähriger Einwirkungszeit in der Lage, die Blattwes-
penlarven unter die Schadensschwelle zu drücken.

LITERATUR:

Altenkirch, W., H. Niemeyer und U. Schindler, 1972. Eichen-
    wicklerbekämpfung 1971 mit Bacillus thuringiensis im
    Forstamt Göhrde. Forst- und Holzwirt 27:93-96.

Franz, J.M. 1961. Biologische Schädlingsbekämpfung. In:
    Handb.d.Pflanzenkrankheiten 6, 2.Aufl.,3.Lieferung:
    1-302, Parey (Berlin u. Hamburg)

Franz, J.M. 1970. Schadensschwellen bei forstschädlichen
    Insekten. Z.Pflkrh. u. Pflschutz 77:642-647.

Franz, J.M. und A. Krieg. 1972. Biologische Schädlingsbe-
    kämpfung. 208 S. Parey (Berlin u. Hamburg).

FSV 1960. Forstschutzvorschrift für die Niedersächsische
    Landesforstverwaltung. Erl.Nds.MfELuF v. 13.12.1960.

Hanf, M.1966. Entwicklung und Ausmass der Pflanzenschutz-mittel-Anwendung. Z.Pflkrh.u.Pfl.schutz 73:522-536

Jüttner, O. 1959. Ertragskundliche Untersuchungen in wick-lergeschädigten Eichenbeständen. Forstarchiv 30:78-83.

Schindler, U.1968. Massenwechsel eines typischen forstlichen Dauerschädlings, der Lärchenminiermotte Coleophora laricella. Z.angew.Ent. 61:380-386.
- 1970. Grossaktionen gegen forstschädliche Insekten in Nordwestdeutschland 1947-1969. Forstarchiv 41:69-76.
- 1971 a. Control of forest insects by ultra-low volume spraying. OEPP/EPPO Bull. 2:49-55.
- 1971 b. Stand der Borkenkäferbekämpfung. Holz-Zentralbl. 97:373-374.
- 1972 a. Befliegungen gegen Forstschädlinge 1971 in Niedersachsen. Holz-Zentralbl. 98:994.
- 1972 b. Einfluss der Meisen (Paridae) auf die Popu-lationsdichte der Lärchenminiermotte (Coleophora lari-cella Hbn.) im Kalamitätsgebiet des Emslandes. Allg. Forst-u.Jagdztg. 143:17-19.
- 1972 c. Forstschädlinge in Niedersachsen 1971. Forst-u.Holzwirt 27:156-161.

Schwerdtfeger, F.1970. Die Waldkrankheiten. 3. Aufl. 509 S. Parey (Berlin u. Hamburg).
- 1970. Untersuchungen über die Wirkung von Ameisen-Ansiedlungen auf die Dichte der Kleinen Fichtenblatt-wespe. Z.angew.Ent. 66:187-206.

Vité, J.P. 1965. Über die Anwendbarkeit insekteneigener Lock-stoffe im Forstschutz. Forst-u.Holzwirt 20:98-102.

- 1970. Erste Anwendung synthetischer Populationslock-stoffe in der Borkenkäferbekämpfung. Allg.Forststschr. 25:615-616.

Anschrift des Verfassers: Landforstmeister
                         Dr. U. SCHINDLER †
                         Niedersächs. Forstliche Versuchsanstal
                         34 GÖTTINGEN
                         Grätzelstrasse 2

11. *J. Reisch*
Forstlicher Pflanzenschutz unter dem Gesichtspunkt des Umweltschutzes (Mit 3 Tabellen)

I. Ausgangslage:
Von den verschiedenen Gebieten des Pflanzenschutzes
(Landwirtschaft, Obst-, Wein- und Gemüsebau, Forstschutz
bzw. Waldschutz) erscheint der Forst- oder Waldschutz
am geeignetsten, Pestizide sofort und umfassend durch
umweltfreundliche Mittel bzw. Massnahmen auszuwechseln.

Begründung:
1) keine permanente Bekämpfung oder prophylaktische Behandlung notwendig (Ausnahmen: Wildschadenverhütung,
   in gewissem Masse Schutzbehandlung gefällten und im
   Wald länger lagernden Holzes gegen Insektenbefall),
2) wirtschaftliche Bedeutung des Waldes (Holzproduktion)
   heute gegenüber seiner Sozialfunktion rückgängig,
3) resultierend aus 2): Abkehr von Nadelholz-Monokulturen,
   Rückführung von Staats- und Stadtwald in ihre mehr
   oder weniger natürliche Bestockung mit einem grösseren
   Laubholzanteil und Holzartenreichtum.

Anmerkung:
Das ursprüngliche Waldbild Deutschlands hat sich durch
Rodung, allgemeine wirtschaftliche Verhältnisse und besondere forstliche Massnahmen vom ehemaligen Mischwald
mit stufigem Aufbau zum gleichaltrigen Reinbestand und
von der Laubholz- zur Nadelholzbestockung gewandelt (ehe-
mals etwa 2:1, heute etwa 1:2). So musste die Eiche der
Buche und Kiefer, die Buche der Fichte und Kiefer und
schliesslich die Tanne der Fichte weichen. Die so be-
gründeten Nadelholz-Monokulturen und die Kahlschlags-
wirtschaft mit nachfolgender Wiederaufforstung haben
die ganz grossen Probleme der "Waldkrankheiten" mit sich
gebracht, indem die Gefahr gegenüber abiotischen Schäden (Sturm, Schnee, Frost, Waldbrand) wie nie zuvor wuchs
und einzelne Arten von Lebewesen, die früher als harmlose
Waldbewohner gelten konnten, wie z.B. der Grosse Braune
Rüsselkäfer (Hylobius abietis), nun zum grössten Wald-
feind wurden.

Eine früher oft falsch verstandene "Saubere Wirtschaft"
mit einer möglichst raschen und vollständigen Entfernung
aller anbrüchigen Stämme (Nistgelegenheiten für insekten-
vertilgende Höhlenbrüter und Fledermäuse) kann genauso-
viel Unheil anrichten wie das heute überall übliche Lie-
genlassen unverwertbarer oder unrentabeler Sortimente
(Reiserstangen, Wipfel, Äste, rotfaule Abschnitte u.a.),
Denn dies sind Brutstätten für zahlreiche Schadinsekten
wie Borkenkäfer, Werftkäfer, Prachtkäfer, Bockkäfer
und Holzwespen.

Der grossflächige Anbau von fremdländischen Holzarten
wie Douglasie und Japanische Lärche wirft neue Probleme
des Pflanzenschutzes auf, da hier noch mit vielen unbe-
kannten Faktoren zu rechnen ist. Die heute schon öfters

beobachtete Rindenschildkrankheit der Douglasie (Phomopsis pseudotsugae) dürfte hierfür ein warnendes Beispiel sein. Die Umstellung des Waldbaus ist natürlich auch nicht so einfach und schnell durchführbar, da ja mit Umtriebszeiten von 60 bis 120 Jahren bei den Nadelhölzern gerechnet werden muss. Wenn auf längere Sicht und auf die Dauer die Gesunderhaltung des Waldes wohl nur auf waldhygienischem Wege (Massnahmen des Waldbaus, der harmonischen Nährstoffversorgung, der Vogel- und Waldameisenhege) erreicht werden kann, sind wir z.Zt. gezwungen, die uns zur Verfügung stehenden Mittel der mechanischen und biologischen Schädlingsbekämpfung voll auszuschöpfen. Sicherlich werden hierzu wirtschaftliche Opfer erwachsen, die aber im Zuge des Umweltschutzes nichts ungewöhnliches mehr darstellen.

II. Wo fangen wir an?

Von der mit Pflanzenschutzmitteln behandelten Bodenfläche der BRD entfallen 76 % auf Herbizide, 18 % auf Insektizide und 6 % auf Fungizide (Hanf, 1966). Der Anteil des forstlichen Pflanzenschutzes ist denkbar gering, nämlich weniger als 1 % (Unkraut- und Pilzbekämpfung) bzw. 1 - 2 % (Insektenbekämpfung). Dagegen handelt es sich im Walde fast immer um Flächenbegiftungen mit z.t. grossem Ausmass, so z.B. bei der Bekämpfung forstlicher Grossschädlinge wie Forleule, Nonne, Spanner, Blattwespen und Borkenkäfer.

Bei diesen Angaben fehlt allerdings die Wildschadenverhütung, die im Forst hinsichtlich der Fläche und der Geldausgaben an erster Stelle steht.

Tab. 1: Überblick über die Ausgaben für Forstschutz bzw. Waldschutz im Land Hessen (Angaben nach "Wirtschaftsergebnisse 1962 und 1970 der hess. Staatsforstverwaltung")

Art	1962		1970
	in % der Gesamtausgaben		
Wild	55.6		79.7 (davon 41.4 % für Kulturgatter)
Mäuse	24.4		0.2
Vogelschutz etc.	5.5		0.4
Insekten	6.6	(Rüssler: 2.7) (Borkenk.: 1.9) (Maikäfer: 1.8) (sonst.Ins.0.2)	12.4
unerwünschter Pflanzenwuchs	-		0.1
Pilze	5.1		-

1. Wildschadenverhütung:
   Bei der Anwendung chemischer Wildschadenverhütungsmittel können alle Mittel mit Insektizid-Abfällen (z.B.

62

aus der Gruppe der Chlorkohlenwasserstoffe) fallen gelassen werden, da genügend pestizidfreie Verbiss- und Schälschutzmittel vorhanden sind (z.B. auf Basis von Kunstharzen, entsäuerten Baumteeren o.a. Ausgangsmaterial).

2. Mäusebekämpfung:
Von den Rodentiziden ist für den Flächenschutz nach dem Verbot von Endrin oder endrinhaltigen Mitteln nur noch das Toxaphen übrig geblieben. Unter dem Gesichtspunkt des Umweltschutzes ist die Verwendung von **Toxaphen** auch strengen Massstäben zu unterziehen. So sollten zur Schonung des Wildes nur gegatterte Kulturen bzw. Naturverjüngungen in besonders schwerwiegenden Fällen und beim Fehlen andersartiger Möglichkeiten (Konservendosen-Methode mit Giftgetreide, Ausräuchern der Baue u.a.) dafür vorgesehen werden. In allen anderen Fällen hat sich die Konservendosen-Methode mit Giftgetreide (Basis **Crimidin**) bewährt.

3. Insektenbekämpfung:
Als Kulturschädlinge spielen gegenwärtig eine Rolle:
Grosser Brauner Rüsselkäfer (Hylobius abietis)
Maikäfer (Melolontha spec.)
Kiefernknospentriebwickler (Rhyacionia buoliana)
Kleine Fichtenblattwespe (Pristiphora abietina).
Die rinden- und holzbrütenden Borkenkäfer sind eine permanente Gefahr. Der Eichenwickler (Tortrix viridana) ist hauptsächlich ein Zuwachs- und Wertzuwachsschädling, dessen Bekämpfung heute immer umstrittener wird.

Grosser Brauner Rüsselkäfer:
bisherige Verfahren: Schutztauchung der Pflanzen mit DDT
(z.B. DiDiTan Ultra 1 %, 10 Ltr. Brühe/1000 Pfl.)
Schutzspritzung der Pflanzen mit DDT
(z.B. DiDiTan Ultra 0,5 - 1 %)
zugelassen bis höchstens Ende 1974 zur vorbeugenden Tauchung bzw. gezielten Behandlung von Einzelpflanzen im Forst, in Forstpflanzgärten und Forstbaumschulen.

Tab. 2: Vorläufige Ergebnisse mit umweltfreundlichen Mitteln bei 5 bis 7 jährigen Fichten (1971)

Material	Ausbringung	Befalls-%
Malerkalk mit Synergid	Spritzen	0
Arcotal mit Synergid	"	0
Arikal	"	27
HT-E	"	0
DDT	"	0
unbehandelt	-	14

Ausgelegte Fangknüppel von Kiefer, beträufelt mit Terpentinöl erwiesen sich für ca. 3 Wochen fängig. Eine Auf-

frischung durch Terpentinöl brachte weitere Fängigkeit
für etwa den gleichen Zeitraum. Die Wirkung liess sich
pro Fangplatz auf etwa 50 m im Umkreis nachweisen.
Die Versuche müssen jedoch wiederholt werden, damit eine
breitere Basis gefunden wird. Sehr aussichtsreich erscheint
die Fangknüppel-Methode mit einer Behandlung mit Harz-
Terpentinöl-Gemisch und evtl. Zusatz eines Insektizids. Hierfür fehlen jedoch leider noch Unterlagen.

Borkenkäfer (vornehmlich Buchdrucker, Ips typographus;
Kupferstecher, Pityogenes chalcographus und Gestreifter
Nadelnutzholzborkenkäfer, Trypodendron lineatum);
bisherige Verfahren: Schutzspritzung des Holzes mit oder
   ohne Rinde mit techn. Hexa (z.B. Basiment 450 extra,
   Forst-Nexen, Forst-Viton-Emuls.-2 %) oder Lindan
   + Promecarb (Top Borkenkäfermittel - 3 %)
angestrebtes Verfahren: Massenzüchtung und Freilassung von
   Prädatoren.

Der Berichterstatter begann im vergangenen Jahr mit der Zucht
des Ameisenbuntkäfers (Thanasimus formicarius), wohl dem be-
deutendesten und speziell auf Borkenkäfer ausgerichteten
Feind.

Zufällig ergab sich dabei eine bisher wohl unbekannte
Reaktion des Ameisenbuntkäfers auf Borkenkäfer-Insekti-
zide. Vorschriftsmässig behandeltes Kiefernschichtholz
wies bereits 2 Monate später einen restlosen Befall durch
den Vielschreiber (Polygraphus polygraphus) und teilweise
auch durch den Grossen Waldgärtner (Tomicus piniperda) auf,
ohne dass die Bruten in irgendeiner Weise geschädigt waren.
Ameisenbuntkäfer verendeten jedoch an diesem Holz mit den
typischen Vergiftungserscheinungen durch chlorierte Kohlenwasserstoffe bereits nach 10 Stunden. Sicherlich ist der
Ameisenbuntkäfer durch seine breiten Sohlen und das emsige
Umherlaufen auf dem Holz bei der Suche nach Borkenkäfern
viel eher das Opfer des Giftes geworden als der anfliegende
und sich sogleich einbohrende Borkenkäfer. Daraus ergibt
sich für die Praxis der wichtige Hinweis, bei der Schutzbehandlung des Holzes ganz besonders vorsichtig zu sein und
auf das Vorkommen des Ameisenbuntkäfers zu achten.

Das Ziel der gut angelaufenen Züchtung des Ameisenbuntkäfers ist es, diesen in Borkenkäferherden auszusetzen.
Voraussetzung ist jedoch der völlige Verzicht auf Insektizide.

Der Versuch ist durchaus nicht neu. Denn nach den gross-
artigen Erfolgen mit dem australischen Marienkäfer Novius
cardinalis gegen Schildläuse an Zitronen- und Orangenbäu-
men widmete sich der amerikanische Staatsentomologe Hopkins
dem Einsatz des Ameisenbuntkäfers gegen eine verheerende
Borkenkäferplage von Dendroctonus frontalis in West-Virginia.
Er liess damals etwa 1000 Käfer in Deutschland sammeln und
setzte sie in den Borkenkäferherden aus. Der Erfolg blieb
aus. Das war auch kein Wunder, denn Hopkins hatte nicht die
Lebensgewohnheiten des Ameisenbuntkäfers genügend studiert

und den Einsatz ohne Berücksichtigung der klimatischen Verhältnisse in West-Virginia vorgenommen. Mit einem systematischen Vorgehen lässt sich mit dem Ameisenbuntkäfer sicherlich manches erreichen, denn seine Lebensweise ist so vorzüglich der der Borkenkäfer angepasst. Nicht nur der Vollkerf vermag bis zu 8 Buchdrucker täglich zu verspeisen, sondern auch die ältere Larve räumt bei der Borkenkäferbrut in den Gängen ganz gehörig auf. Man sollte diese Versuche fortsetzen. Doch sind mir leider z.Zt. dazu keine geeigneten Möglichkeiten geboten.

Engerling des Maikäfers:
bisherige Verfahren: routinemässige Begiftung zur Kulturvorbereitung

gegen E_I 100 kg/ha Lindan-Streumittel

E_{II} 150 kg/ha   "   "

E_{III} 200 kg/ha   "   "

oder Pflanzlochbehandlung ($E_I/_{II}$ mit 3-5 g je Pflanzloch)
Nach Angabe des Forstamts Bensheim reichte der bisherige Aufwand von 150 kg/ha Hortex-Streumittel nicht mehr aus (Resistenzerscheinungen?).

Tab. 3: Vorläufige Ergebnisse mit Löschkalk
(Angaben gem. FA Bensheim vom 4. Okt. 1972 nach Untersuchungen von S. Winkler):

Mittel	Aufwand je qm g	Mortalität %	Kosten DM
Hortex-Staub(?)	15	33	292,--
"	20	67	375,--
"	25	100	470,--
Löschkalk (45-65 % CaO;5-15%	400	83	340,--
MgO)	200	80	170,--
unbehandelt	-	0	-,--

Die vom Berichterstatter empfohlene Löschkalk-Behandlung ist insofern neu, da früher nur gegen die Eiablage der Weibchen eine vollständig dichte Streudecke mit Branntkalk empfohlen wurde (Escherich, 1923).

Sicher lassen sich aber hier auch gleichzeitig zur besseren Nährstoffversorgung der Pflanze eine Reihe von interessanten Möglichkeiten finden.

Bei allen Massnahmen gegen den an sich raren Engerling des Maikäfers ist zunächst die Probegrabung zur Erfassung der Schadensschwelle unerlässlich. Übertragungen eines früheren Gefährdungsgrades gegenüber Maikäferengerlingen sind heute grundsätzlich unsicher.

Anschrift des Verfassers: Dr. J. REISCH
                          6465 BIEBER
                          Am Römerberg 3

12. *W. Behlen*
Ergebnisse von Versuchen mit reduzierten Wirkstoffmengen beim Synergid-Verfahren

Die Land- und Forstwirtschaft befindet sich bezüglich ihrer Produktionsmethoden und der dabei eingesetzten Mittel im Umbruch. Auch das seit Generationen im Pflanzenschutz übliche, besonders witterungsabhängige arbeits-, zeit- und kostenaufwendige Spritzen muss dem Fortschritt weichen.

Dass dies technisch möglich sein würde, habe ich bereits 1964 durch die Ergebnisse zweier Forschungsaufträge der Deutschen Forschungsgemeinschaft, Bad Godesberg, am Landmaschinen-Institut der Universität Göttingen (seinerzeitiger Direktor: K. Gallwitz) und am Institut für Pflanzenernährung der Justus Liebig-Universität Giessen (Direktor: H. Linser) nachgewiesen. Aber die Zeit und die Technik waren damals noch nicht reif für eine "Revolution in der Schädlingsbekämpfung".

Die inzwischen veränderten Produktionsbedingungen und Absatzverhältnisse fordern heute aber, alle Möglichkeiten zur Sicherung und Vereinfachung der Produktion auszuschöpfen. Der Erfolg im Pflanzenschutz muss mit weniger Arbeitsaufwand, in kürzerer Zeit, mit geringeren Kosten und vor allem in Zukunft umweltschonend erreicht werden. Noch allerdings werden von der Biologischen Bundesanstalt Braunschweig die Mittelprüfungen im herkömmlichen Spritzverfahren durchgeführt, und die Pflanzenschutzmittel-Industrie stellt nach wie vor "Spritzmittel" her. Und dies, obwohl feststeht, dass zum Beispiel seit Jahren in zunehmendem Masse im Ackerbau für die Ausbringung von Insektiziden und Fungiziden anstelle der für die Anerkennung zugrunde gelegten 600 l/ha nur 400 l/ha und weniger, für die Herbizide statt der 400 - 200 l/ha in der Praxis zum Teil nur 200 - 100 l/ha zur Anwendung kommen.

Ähnlich liegen die Verhältnisse im
Gemüsebau, wo die zugrunde gelegten 600 - 2000 l/ha,
Obstbau, wo die zugrunde gelegten   2000 l/ha und
Weinbau, wo die zugrunde gelegten 600 - 5000 l/ha
längst nicht mehr die Norm sind.

Auch im Forst ist man von den 600 l/ha, bei Herbiziden 600 - 400 l/ha, zum grossen Teil schon abgegangen.

Der Brühereduzierung sind von der physikalischen Seite der Brühe **her** Grenzen gesetzt, die ohne Nachteile für den Erfolg nicht so ohne weiteres unterschritten werden dürfen. F.Stellwaag-Kittler ist aufgrund eingehender Applikationsuntersuchungen im Weinbau zum Beispiel zu dem Ergebnis gekommen, dass die handelsüblichen Spritzmittel nicht für eine fortschrittliche Ausbringung durch den Hubschrauber eingestellt sind.

Um diese Dissonanzen zwischen der Empfehlung von Pflanzenschutzmitteln und dem Wunsch ihrer Anwendung in geringstmöglichen Brühemengen zu beseitigen, werden in letzter Zeit

von Forschungsinstituten und der Geräteindustrie erhebliche
Anstrengungen gemacht, dieses Problem über die Verteilungs-
technik zu lösen.

Allerdings sind solche Überlegungen nicht ganz neu; denn schon
1958 hat W. Kotte für die Schädlingsbekämpfung im Obstbau
darauf hingewiesen,"dass es technisch zwar möglich, praktisch aber wertlos wäre, wässrige Brühen noch feiner als im
üblichen Sprühverfahren zu verteilen, da solche Tröpfchen
bereits auf dem Wege vom Gerät in die Baumkrone verdampfen
würden und der Wirkstoff in trockener Form auf die Pflanze
käme. Dabei wäre seine Regenbeständigkeit ebenso unzureichend
wie die der Stäubemittel". Kotte folgert daraus: "Will man
feinere Tröpfchen erzielen, wobei man hoffen darf, mit geringeren Wirkstoffmengen auszukommen, so muss man andere Wege
gehen."

Ich bin einen anderen Weg gegangen, auf den ich indirekt durch
Versuche und Beobachtungen gekommen war: Zusatz von "Öl" mit
bestimmten Eigenschaften zur Mittelbrühe.

Das Ergebnis meiner Göttinger "Untersuchungen über die Haftfähigkeit von Sprüh- und Nebelbelägen in Abhängigkeit von
dem Aufbringverfahren und Gerät" war eindeutig: Bei Verwendung wässriger Brühen wird die Regenbeständigkeit der Beläge
praktisch weder durch das Verfahren noch durch das Gerät verändert. Die Belagsbildung wird in gewissen Grenzen verbessert.

Durch einen ganz bestimmten "Öl"-Zusatz, das Synergid, zur
Brühe wird die Belagsbildung wesentlich gleichmässiger und
feiner; die Regenbeständigkeit wird ausserordentlich er-
höht: Aus üblicherweise erzeugten Sprühbelägen wurden nach
24-stündiger Trocknung durch 3 mm Niederschlag 61 % Wirkstoff ausgewaschen, aus mit Synergid-Zusatz erzeugten Belägen
nur 28 %. Nach längerer Trocknung verringerten sich die Aus-
waschverluste bei den Synergid-formulierten Belägen noch erheblich, während sie bei den wässrigen Belägen praktsich
gleich blieben.

Nachdem meine Giessener "Untersuchungen über die Verträglichkeit von Apfelbaumblättern gegenüber hochprozentigen
Kupfer-Feinsprühbelägen und deren Aufnahme durch das Blatt"
1964 den Nachweis erbracht hatten, dass durch den Zusatz
des Synergid zur "Spritzbrühe" diese bis zur 50-fachen
Spritzkonzentration feingesprüht gleichmässig verteilbar
und pflanzenverträglich ist, waren die Hauptprobleme gelöst.

Die nach Spritzungen mit viel Brühe schon bei geringfügi-
ger Konzentrationserhöhung der Mittel eintretenden sog.
Blattverbrennungen bzw. Fruchtberostungen erwiesen sich
als eine Folge zu hoher Stoffaufnahme in der Zeiteinheit.
Diese Stoffaufnahme wird beim herkömmlichen Spritzverfahren
durch die mit dem Spritzmittel zum Zwecke der Verteilung auf
die Pflanze gebrachte grosse Wassermenge und das hierdurch
bedingte sehr langsame Trocknen des Belags begünstigt.

Beim Feinsprühen mit sehr geringen Brühemengen werden Stoff-
wechselstörungen durch übermässige Stoffaufnahme in der Zeiteinheit vermieden, weil die Beläge in wenigen Minuten trocknen, und weil auch in der Folgezeit bei Tau oder Nieselre-
gen die Stoffaufnahme durch die hohe Regenbeständigkeit der
Synergid-formulierten Beläge nachhaltig gebremst wird.

Das Synergid ist ein Kombinationsprodukt, das im wesentlichen
aus reinen niedermolekularen Isoparaffinen besteht. Die durch
seinen Zusatz erreichten Effekte sind auf die physikalische
Veränderung der Spritzbrühe zurückzuführen. Ausser der bereits
herausgestellten Regenbeständigkeit und Blattverträglichkeit
hat sich ergeben, dass

- sich aus gleichem Flüssigkeitsvolumen schon mit geringe-
  rem Druck 3 bis 6 mal soviel Tröpfchen von verhältnismässig einheitlicher Feinheit bilden, sodass sehr erhebliche Flüssigkeitsmengen eingespart werden können;

- sich Wasser-in-Öl-Tröpfchen bilden, die auf dem Weg vom
  Gerät zur Pflanze nicht verdampfen, sodass keine Ver-
  schwebe- und damit Wirkstoffverluste entstehen;

- sich in dichten Beständen an schwer zugänglichen Stellen
  sowie auf wachsiger oder behaarter Pflanzenoberfläche
  Beläge bilden, die im Spritzverfahren nicht oder nur mit
  sehr grossem Brüheaufwand ("Traubenwaschen" im Weinbau
  zur herkömmlichen Botrytisbekämpfung) verbunden mit über-
  höhtem Wirkstoffaufwand, möglich sind;

- sich Mitteleinsparungen anbieten, weil die eingesetzten
  Wirkstoffe optimal zur Wirkung kommen.

Die Folgerungen aus den hier nur kurz umrissenen Ergebnissen
sind sowohl für die Praxis als auch für den Umweltschutz
gleichermassen ausserordentlich beachtlich.

Für die land- und forstwirtschaftliche Praxis sind die mit
der neuen Applikationsmethode (Deutsches Bundespatent Nr.
1 542 682 / 1964) verbundenen betriebswirtschaftlichen
Vorteile ausschlaggebend:

- Infolge Einsparung von Rüstzeiten und Leerfahrten steigt
  die Flächenleistung in der Zeiteinheit um das 2- bis
  10-fache.

- Die notwendigen Massnahmen lassen sich auch bei unbestän-
  diger Witterung in Regenpausen zum günstigsten Termin
  durchführen.

- Wiederholungsspritzungen, die beim herkömmlichen Spritzverfahren durch Niederschläge kurz nach der Applikation
  notwendig werden, erübrigen sich.

- Die Blattdüngung lässt sich durch Applikation blattver-
  träglicher Nährstoffdepots rationalisieren.

- Für grossräumig durchzuführende Bekämpfungs- und Dünge-
  massnahmen wird der Flugzeugeinsatz durch die Brühereduzierung erst wirtschaftlich.

Für die Allgemeinheit sind die umweltschonenden Auswirkungen des Synergid-Verfahrens überraschend vielseitig:

- Das Verfahren ermöglicht es, in vielen Anwendungsbereichen Mittel einzusparen.

Ganz abgesehen von den Wirkstoffeinsparungen für Spritzbehandlungen, die nach stärkeren Niederschlägen wiederholt werden müssen, kann der Aufwand an Fungiziden durchschnittlich um 20 %, an Insektiziden bis 50 % gesenkt werden.

In etwa der gleichen Grössenordnung liegen die Möglichkeiten, Herbizide einzusparen. Hierfür ein Beispiel: Für die Hirse- und Queckenbekämpfung im Mais sind im Nachauflaufverfahren 4 kg Gesaprim 50 je ha und mehr notwendig, die in 300 - 600 l Wasser je ha aufgebracht werden. Der gleiche Erfolg wird durch 2 kg Gesaprim 50 je ha (auf Moorböden 3 kg/ha) in 100 - 200 l/ha erreicht, wenn der Tankmischung 3 - 5 l/ha Synergid zugesetzt werden. Der unterschiedlich hohe Mittelaufwand beeinflusst die Fruchtfolge; denn nach 4 kg/ha Gesaprim 50 und mehr kann im Folgejahr wieder nur Mais angebaut werden, während der mit Synergid-Zusatz mit nur 2 kg/ha Gesaprim 50 behandelte Acker jede gewünschte Nachfrucht wachsen lässt.

- Der Synergid-Zusatz zum Wuchsstoffregulator CCC bewirkt bereits bei der halben empfohlenen Aufwandmenge eine optimale Halmverkürzung.

- Eine stärkere Anwendung der Blattdüngung im Synergid-Verfahren kann zumindest im Obst- und Weinbau dazu beitragen, dass weniger Nährstoffe ins Untergrundwasser und damit in die Flüsse und Seen gelangen. Die ungünstigen Einflüsse dieser Nährstoffanreicherung in Gewässern auf die Fischzucht sind bekannt.

- Auf die Verwendung von Dieselöl als Verdünnungsstoff in der Forstschädlingsbekämpfung gegen eingebohrte Holzschädlinge kann durch einen 5- bis 10-%igen Synergid-Zusatz zur wässrigen Brühe verzichtet werden. Dadurch wird jedes mit Dieselöl verbundene Risiko hinsichtlich der Wasserverschmutzung hinfällig.

- Es liegen Ergebnisse vor, dass Bienengifte durch die Applikation im Feinsprühverfahren mit Synergid-Zusatz Beläge erzeugen, die keine Bienenschäden verursachen.

Abschliessend noch ein Wort zur gesetzlichen Einordnung des Synergid: Es ist als Zusatzstoff nach dem neuen Pflanzenschutzgesetz prüfungspflichtig und zugelassen. (Zulassungs-Nr. 09003).

In Österreich besitzt Synergid bereits seit 1970 zwei Anerkennungen der Bundesanstalt für Pflanzenschutz:
Gegen den Zwiebelmehltau (Peronospora schleideni) mit 17 % Mitteleinsparung in 200 l/ha und gegen die Botrytis am Rebstock mit 25 % Mitteleinsparung in 100 - 120 l/ha.

Zum eingehenderen Studium des Synergid-Verfahrens wird auf die Veröffentlichungen mit der gesamten Literaturangabe verwiesen.

LITERATUR:

Behlen, W. 1962. Untersuchung der Haftfähigkeit von Sprüh- und Nebelbelägen in Abhängigkeit von dem Aufbringverfahren und Gerät. Aerosol-Forsch. 10:502-531.

Behlen, W. 1965. Untersuchungen über die Verträglichkeit von Apfelbaumblättern gegenüber hochprozentigen Kupferfeinsprühbelägen und deren Aufnahme durch das Blatt. Aerosol-Forsch. 12:183-205.

Behlen, W. 1969. Ein bienenschonendes Verfahren für die Schädlingsbekämpfung. Allg. D.Imkerzeitung 7:201-202.

Behlen, W. 1970. Pflanzenschutz und Blattdüngung heute. Der D. Weinbau 17.

Behlen, W. 1971. Das Synergid-Verfahren. Z.Lohnunternehmen in Land- und Forstwirtschaft, 5.

Behlen, W. 1972. Fortschritte in der Ausbringung von Pflanzenschutzmitteln und Wuchsstoffregulatoren sowie bei der Blattdüngung. Tagungsbericht: Ergebnisse landwirtschaftlicher Forschung an der Justus Liebig-Universität, 67-75.

Kotte, W. 1958. Krankheiten und Schädlinge im Obstbau und ihre Bekämpfung, Berlin u. Hamburg.

Reindl, J. 1968. Versuche mit Synergid-Zusatz zu Fungiziden bei der Kiefernschütte-Bekämpfung. Allg. Forstzeitschrift 22:659-660.

Reisch, J. 1968. Moderne Bekämpfungsmethoden forstschädlicher Insekten. Beispiele aus der Praxis. Staatsanzeiger für das Land Hessen, Waldforum.

Schindler, U. 1969. Zur Wirkung von Synergid in Verbindung mit Forstinsektiziden. Holz-Zentralblatt 70: 1077-1078.

Anschrift des Verfassers: Dr. W. BEHLEN
6479 RANSTADT/Oberhessen

13. K. Russ
Die österreichischen Bestrebungen zur Einführung integrierter Bekämpfungsmaßnahmen

1. Bisherige Tätigkeit:

Derzeit unternimmt man in Österreich verschiedenartige Bemühungen, integrierte Pflanzenschutzmassnahmen einzuführen. Insbesondere werden speziell im obstbaulichen Pflanzenschutz grosse Anstrengungen unternommen, solche Bekämpfungsmassnahmen so rasch wie möglich praxisreif zu machen. Dies wird umso einfacher möglich sein, als schon seit vielen Jahren wichtige Vorarbeiten, vor allem, was den Aufbau und den Ausbau von pflanzenschutzlichen Warndienstsystemen anbelangt, geleistet worden sind. Damit war es auch schon möglich, zumindest auf einzelnen Sektoren der Landwirtschaft eine Minimalisierung des Pflanzenschutzmittelaufwandes zu gewährleisten und in Zukunft sollen diese Bestrebungen eine wesentliche Ausdehnung finden. Solche Warndienste sollen durch die Heranziehung technischer Möglichkeiten wesentlich verbessert werden.

In diesem Zusammenhang kann besonders darauf hingewiesen werden, dass durch die Konstruktion verschiedener wichtiger Geräte für den Warndienst, wie z.B. eines Blattnässeregistriergerätes und eines Effektivtemperaturzählgerätes durch W. Zislavsky (Bundesanstalt für Pflanzenschutz, Wien), wichtige Vorarbeiten für solche Verbesserungen geschaffen wurden.

Vor allem war es aber auch möglich, exakte Warndienste durch die gezielte und sehr verbreitete Verwendung von Lichtfallen aufzubauen. Derzeit besitzen wir in Österreich mehrere Warndienste, die auf dieser Beobachtungsmethode basieren, und zwar:

Apfelwickler-Warndienst, Pflaumenwickler-Warndienst, Traubenwickler-Warndienst, Maiszünsler-Warndienst und Gemüseeulen-Warndienst.

Im Jahre 1972 wurden erstmals auch Studien über die Verwendung von Pheromonen als Mittel eines Warndienstes ausgeführt. Diesbezüglich standen synthetisierte Pheromone des Apfelwicklers und des Pflaumenwicklers zur Verfügung.

Bedeutende Fortschritte konnten bei der Beobachtung des saisonalen Auftretens der Kirschfruchtfliege (Rhagoletis cerasi L.) erzielt werden. Hierbei leisteten Gelbtafeln, die mit Vogelleim versehen waren, ausgezeichnete Dienste. Mit Hilfe dieser Warndienstmethode konnten an sehr vielen Orten Österreichs Beobachtungen über das Auftreten der Kirschfruchtfliege ausgeführt und dadurch die Bekämpfung verbessert werden.

Zum Zwecke einer möglichst raschen Einführung integrierter Pflanzenschutzverfahren in die landwirtschaftliche Praxis wurde im Jahre 1972 seitens des Bundesministeriums für Land- und Forstwirtschaft, an der Bundesanstalt für Pflanzenschutz, Wien, in dankenswerter Weise nunmehr eine eigene "Abteilung für Integrierten Pflanzenschutz" geschaffen und der Berichterstatter mit deren Leitung beauftragt.

Darüber hinaus konstituierte sich im Rahmen des "Verbandes der Steirischen Erwerbsobstbauern" eine "Arbeitsgruppe Integrierter Pflanzenschutz". Diese Arbeitsgruppe wird seitens der Steiermärkischen Landesregierung und durch das Bundesministerium für Land- und Forstwirtschaft gefördert und hat es sich zur Aufgabe gemacht, vorerst einmal, zumindest schwerpunktmässig, integrierte Bekämpfungsmöglichkeiten im steirischen Obstbau einzuleiten. Dies erscheint insofern sehr bedeutungsvoll, als die steiermärkischen Obstbauern etwa 75 % des österreichischen Apfelbedarfes decken.

2. Derzeitige Versuchs- und Forschungstätigkeit:

Mit Beginn der Saison 1972 wurde seitens der Abteilung Integrierter Pflanzenschutz an der Bundesanstalt für Pflanzenschutz, Wien, mit Unterstützung des Bundesministeriums für Land- und Forstwirtschaft und der Steiermärkischen Landesregierung in einer landeseigenen, 15 ha grossen Apfelanlage in der Steiermark der 1. Grossversuch zur Anwendung integrierter Bekämpfungsmassnahmen begonnen.

Im Bereich der Versuchsfläche, die eine erwerbsmässige Apfelanlage darstellt, wurde auch eine Agrarmeteorologische Beobachtungsstation eingerichtet, die bereits gut ausgerüstet werden konnte und in Zusammenarbeit mit der Zentralanstalt für Meteorologie und Geodynamik in Wien wertvolle Hinweise über das Auftreten und die Entwicklung von Schadensorganismen oder deren Gegenspieler ermöglicht.

Im besonderen soll in dieser Obstanlage versucht werden, durch einen Vergleich zwischen intensiven, integrierten und fehlenden Pflanzenschutzmassnahmen Parameter in Form von Schadensschwellen für die Anwendung von Bekämpfungsmassnahmen aufzufinden.

Populationsdynamische Studien über Schädlinge und deren Gegenspieler, sowie epidemiologische Untersuchungen über die Krankheitserreger unter Berücksichtigung klimatischer Faktoren werden in naher Zukunft die Hauptthemen der an der Versuchsstelle geplanten Forschungsarbeiten sein.

Parallel dazu werden an verschiedenen Schädlingen Laboratoriumsuntersuchungen über das Verhalten und über Parameter für die Populationsdichte ausgeführt.

Eine Studie, die bereits im Jahre 1970 begonnen wurde, beschäftigt sich vor allem mit der Generationsdynamik des Apfelwicklers in den verschiedensten Apfelanbaugebieten Österreichs und dem Grad der Parasitierung durch parasitische Insekten und Pathogene. Derartige Untersuchungen stehen in engem Zusammenhang mit Arbeiten, die die praktische Anwendung einer "Genetischen Bekämpfung" mit Hilfe der "SIRM" beim Apfelwickler in Österreich zum Ziele haben. Es ist geplant, in einer als geeignet erkannten Versuchsanlage die Apfelwicklerpopulation mit Hilfe der "SIRM" auszuschalten oder zumindest deren Dichte so stark zu senken, dass der Apfelwickler in dieser Obstanlage nicht mehr länger den Schlüsselfaktor im Pflanzenschutzkonzept darstellt.

Parallel dazu werden auch Untersuchungen im Hinblick auf eine
genetische Bekämpfung der Kirschfruchtfliege (Rhagoletis
cerasi L.) seit einigen Jahren unternommen. Diese Arbeiten
werden im Rahmen einer OILB-Arbeitsgruppe "Genetische Bekämpfung der Kirschfruchtfliege" multilateral in der Schweiz,
der BRD, der CSSR, der Türkei und in Österreich ausgeführt.
Die bisherigen Forschungsresultate sind sehr ermutigend und
deuten auf die Brauchbarkeit dieser Bekämpfungsmethode hin.

3. Zusammenfassung:

Die bisherigen Erfolge, die in Österreich in relativ kurzer
Zeit bei der Einführung integrierter Pflanzenschutzmassnahmen erzielt werden konnten, betreffen vornehmlich den Obstbau.

Es ist jedoch zu hoffen, daß auch alsbald auf anderen Gebieten eine Intensivierung solcher Bestrebungen erfolgen wird
und es ist vorauszusehen, dass besonders die enge Zusammenarbeit mit der Agrarmeteorologie sehr wesentliche Fortschritte im Integrierten Pflanzenschutz bringen wird.

Allerdings bedürfen wir noch sehr umfangreicher ökologischer
Forschungen, um die Methoden praxisreif zu gestalten.
Darüber hinaus scheint es auch wichtig zu sein,in Form einer
sachlichen Öffentlichkeitsarbeit die Aufklärung über den Sinn
und den Zweck integrierter Bekämpfungsmassnahmen in weite
Bevölkerungskreise zu bringen. Dies scheint uns zweifellos
von ebensolcher Wichtigkeit zu sein, wie die wissenschaftliche Grundlagenforschung auf dem Gebiete des Integrierten
Pflanzenschutzes.

Anschrift des Verfassers: Univ.Doz. Dr. K. RUSS
                          Bundesanstalt für Pflanzenschutz
                          1020 WIEN/Österreich
                          Trunnerstrasse 5

14. *H. Wundermann*

„Biologische Anbaumethoden" und der Integrierte Pflanzenschutz – Probleme der Abgrenzung in der obstbaulichen Praxis (Mit 1 Tabelle)
(vom Autor gekürzte Fassung)

Die Einführung des Integrierten Pflanzenschutzes in die obstbauliche Praxis hat zweifellos eine intensive Diskussion dieses Verfahrens im konventionellen Pflanzenschutz, aber auch in den Vereinigungen, die biologische bzw. naturgemässe Anbaumethoden publizieren oder praktizieren, ausgelöst.

Während die allgemeine obstbauliche Praxis den Integrierten Pflanzenschutz zunächst skeptisch beurteilte, wird er von den Gruppen, die nach biologischen bzw. naturgemässen Anbauverfahren arbeiten, aufgeschlossen diskutiert. Die Gründe dafür sind wahrscheinlich weniger fachlicher Art, sondern mehr psychologisch bedingt. Schon bestimmte Zielsetzungen des Integrierten Pflanzenschutzes, wie z.B. Stärkung der Widerstandskraft der Pflanzen gegen Schädlinge und Krankheiten und das Bevorzugen von Präparaten, die Nützlinge, den Menschen und seine Umwelt möglichst nicht gefährden, entsprechen den eigenen Vorstellungen und dem Streben dieser Gruppen.

So entstand der Eindruck einer Annäherung der "biologischen bzw. naturgemässen Arbeitsweise" an den Integrierten Pflanzenschutz. Obwohl diese in einigen Fragen tatsächlich stattfand, bestehen dennoch weiterhin grundsätzlich verschiedene Auffassungen, welche eine Abgrenzung zwischen dem jeweiligen Verfahren erforderlich machen. Bezüglich der Abgrenzung wäre es einfach, sich nur auf den wissenschaftlichen Aussagewert und die Beweisführung als Kriterium zu berufen. Während der Integrierte Pflanzenschutz mit umfassenden wissenschaftlichen Belegen aufwarten kann, sind es bei den biologisch bzw. naturgemäss arbeitenden Gruppen überwiegend praktische Erfahrungen, auf die man sich stützt. Doch eine derartige Vereinfachung ist unbefriedigend und trägt nicht zur Klärung und Weiterentwicklung bei.

Mit der Zielsetzung der Förderung biologischer bzw. naturgemässer Anbaumethoden beschäftigen sich in der BRD mehrere Vereinigungen, Arbeitskreise und Organisationen. Alle Gruppen betrachten die Bodenfruchtbarkeit und den Boden insgesamt als entscheidenden Faktor für die Gesundheit der Kulturpflanzen. Sie unterscheiden sich jedoch in der Frage der Verwendung von Pflanzenschutzmitteln auf organisch-synthetischer Grundlage (besonders Insektizide) und bestimmter mineralischer Düngemittel.

Während die biologisch-dynamische Arbeitsrichtung (z.B. Arbeitskreis für naturgemässen Land- und Gartenbau in der Deutschen Volksgesundheits-Bewegung e.V., Demeter-Bund e.V,

Bionomica Gemeinschaft e.V.) sich bezüglich des Einsatzes der vorgenannten Mittelgruppen wenig kompromissbereit zeigt, ist ein anderer Teil der Vereinigungen (z.B. Arbeitsgemeinschaft für naturgemässen Qualitätsanbau von Obst und Gemüse

e.v. (ANOG e.v.), Sitz Paderborn) aus wirtschaftlichen Gründen - vor allem im Erwerbsobstbau - hierzu eher geneigt.

Betrachtet man die Positionen des Integrierten Pflanzenschutzes und der biologisch bzw. naturgemäss arbeitenden
Gruppen grob vereinfacht, so hat der erstere bei der Prakti-
zierung die Beobachtung der Fauna in der Obstbaumkrone als
Ausgangsbasis. Ausserdem ist er bemüht, den Obstgehölzen
bzw. allen Kulturpflanzen einen ihrem ökologischen Optimum
entsprechenden Standort zu bieten, wozu auch der Boden gehört, um zu verhindern, dass die Pflanzen in den Bereich
einer höheren Anfälligkeit kommen, welche eine Verstärkung
des chemischen Pflanzenschutzes auslösen würde. Die anderen
Gruppen hingegen vernachlässigen die Obstbaumfauna und sehen
nur - wie bereits erwähnt - die Bodenfruchtbarkeit, speziell
die Humusversorgung, als primär an.

Ohne auf Einzelheiten eingehen zu können, muss der Behauptung, dass bei entsprechender Humusversorgung, Kompostdün-
gung und Fruchtbarkeit des Bodens der Befall durch Pflanzenkrankheiten und Schädlinge unter die wirtschaftliche Schadensschwelle sinkt und sich Pflanzenschutzmassnahmen letzten En-
des erübrigen, widersprochen werden. Die bisherigen Erfahrungen in den integriert betreuten Obstanlagen, in welchen auch
eine optimale Humuswirtschaft nach den Richtlinien der ANOG
e.V. durchgeführt wird, machen eine derartige Pauschalisierung
unhaltbar. Ohne Zweifel haben Kulturmassnahmen, insbesondere
die Düngung und Bodenpflege, einen Einfluss auf die Popula-
tionsbewegung der Obstbaumschädlinge und auf das Auftreten
von Krankheiten, doch müssen wir zu einer deutlich differen-
zierteren Betrachtungsweise kommen.

Die Ablehnung der Auffassung, dass die Populationsentwicklung
von Schaderregern nur über den Boden gesteuert werden kann,
zeigt eine klare Abgrenzung zwischen dem Integrierten Pflanzenschutz und einigen Vertretern der biologisch-dynamischen
Arbeitsweise. Als Beispiel seien zwei Schädlinge genannt,
deren Populationsdichte in der Praxis bisher über den Boden
nicht zu beeinflussen war. Schwere wirtschaftliche Schäden
durch das Auftreten der Mehligen Apfelblattlaus (Dysaphis
plantaginea) und des Apfelwicklers (Laspeyresia pomonella)
liessen sich auch in Anlagen, die entsprechend den ANOG-
Richtlinien betreut werden, nur durch den Einsatz von Pflanzenschutzmitteln zum optimalen Bekämpfungszeitpunkt vermeiden.

Zu Beginn der folgenden allgemeinen Feststellungen über die
Verwendung von Pflanzenschutzmitteln in den Vereinigungen,
die eine biologische bzw. naturgemässe Arbeitsweise betreiben, wäre zu bemerken, dass die Besprechung der nachstehen-
den Präparate oder Mittelgruppen unabhängig von der Möglichkeit erfolgt, dass wahrscheinlich durch ein Zweites Gesetz
zur Änderung des Pflanzenschutzgesetzes auch "andere" Pflan-
zen- oder Bodenbehandlungsmittel zulassungspflichtig werden,
obgleich sie nicht im Sinne der bisherigen Bestimmungen
als Pflanzenschutzmittel anzusprechen sind.

Eine grössere Bedeutung bei allen biologisch bzw. naturgemäss arbeitenden Gruppen haben die aus Algen hergestellten
Konzentrate (z.B. Algifert, Algomin). Nach Angaben der Hersteller sollen diese Präparate eine zellstärkende Funktion
ausüben und eine fungizide und insektizide Nebenwirkung haben,
wobei wahrscheinlich unter "zellstärkende Funktion" die optimale Versorgung der Pflanzenzellen mit Spurenelementen u.a.
zu verstehen ist. In Bezug auf die Nebenwirkungen gibt es
leider fast keine konkreten Hinweise der Vertriebsfirmen darüber, welche Schaderreger sich wirtschaftlich ausreichend bekämpfen lassen.

Die Algenkonzentrate werden während der Vegetation mehrmals
eingesetzt. Inwieweit diese Präparate überhaupt in der Praxis
nachweisbare fungizide Wirkungen erbringen, kann ich nicht
beurteilen, weil entsprechende Erfahrungen fehlen.

Bezüglich der insektiziden Wirksamkeit wurde in einem Versuch
zur Bekämpfung des Apfelwicklers (1971) mit Algifert fast
kein Unterschied zu Unbehandelt festgestellt. In einer für
den Apfelwickler günstigen Lage ergaben sich im Vergleich zu
anderen Präparaten nach zweimaliger Behandlung die in Tab. 1
zusammengestellten Werte:

Tab. 1: Insektizide Wirksamkeit von Algifert auf den
Apfelwickler

Mittel und Konzentration	Befund % Befall ($\emptyset$) in Unbehandelt	Befund % Befall ($\emptyset$) in Behandelt ($\emptyset$ aus 2 Wiederholungen)	Wirkungs- grad = WG % ($\emptyset$)
Unbehandelt	42,4	-	-
Perfekthion, 0,1 %	-	10,2	76
E 605 forte, 0,035 %	-	9,3	78
Algifert, 0,1 %	-	40,0	6

Auswertung nach den BBA-Richtlinien:

$$WG \% = \frac{u - b}{u} \times 100$$

u = % Befall in Unbehandelt, b = % Befall in Behandelt

Die relativ hohen Befallswerte bei den eingesetzten Mitteln
erklären sich aus dem starken Befallsdruck, der im vorliegenden Versuch nur zweimaligen Spritzung und der zusätzlichen
Auswertung des Fallobstes. Wahrscheinlich wäre mit einer mehr
als zweimaligen Anwendung des Algifert und bei Begünstigung
durch eine optimale Humusversorgung des Bodens keine bessere
Relation zu den anderen applizierten organisch-synthetischen
Präparaten erreicht worden. Welche Möglichkeiten der Bekämpfung
saugender Insekten mit Algenkonzentraten bestehen, ist erst
zu prüfen.

Eine weitere Gruppe der zur Anwendung gelangenden biologischen
Mittel sind die zellstärkenden Präparate Preicobakt, Bentonit

u.a., die im wesentlichen auf Tonerde-Kiesel-Substanzen zu-
rückgehen und mehr als Pflanzenpflegemittel angesprochen werden müssen. Über die nach Hitschfeld (1972) angeblich mit
Bentonit und Zusätzen zu erzielenden Wirkungen gegen den Apfelmehltau (Podosphaera leucotricha) liegen keine Versuchsergeb-
nisse vor.

Ebenfalls biologische Präparate stellen die Frischpflanzenkonzentrate dar. Sie sollen gleichfalls zellstärkend sein
und zum Teil als Zusätze fungizid bzw. fungistatisch wirken,
nach Fürst (1969) Brennesselkonzentrat als Spritzbrühezusatz
gegen Nectria galligena. Zur Verbesserung des fungiziden Effek-
tes werden Frischpflanzenkonzentrate auch mit Schwefel kombi-
niert (z.B. Bio-S). Leider fehlen auch hier Untersuchungen
über die fungizide Wirksamkeit gegen unterschiedliche Pilzer-
krankungen bei hohem Befallsdruck.

Alle biologisch bzw. naturgemäss arbeitenden Verbände empfehlen u.a. die Verwendung von Schwefel oder Schwefel-Kalium-
Verbindungen zur Bekämpfung von Pilzkrankheiten. Da hinreichende gute Erfahrungen über den Einsatz von Schwefel-
Verbindungen gegen bestimmte Schadpilze vorliegen, erübrigen sich in diesem Zusammenhang weitere Ausführungen. Die
von der ANOG e.V. festgestellte Wirksamkeit von Wasserglas
(Natriumsilikat) gegen Lagerschorf wurde bisher noch nicht
nachgeprüft. Diesbezügliche Versuche wären interessant.

Eine Behandlung der Bäume zum Winterausgang mit Schwefelsau-
rem Kali (Kalisulfat) gegen den Apfelmehltau - eine Empfehlung der ANOG e.V. - bringt unterschiedliche Erfolge.
Der von mir im Jahre 1971 durchgeführte Versuch bei der Sorte
"Jonathan" verminderte nur wenig die Anzahl der primär be-
fallenen Triebe je Baum (4,4 %). Das Schwefelsaure Kali wurde
5 %ig am 30, März eingesetzt. Es wäre notwendig, weitere Versuche über den optimalen Bekämpfungszeitpunkt vorzunehmen.

In Bezug auf die Ausbringung ausgesprochen insektizider Pflanzenschutzmittel ergeben sich zwischen dem Integrierten Pflanzenschutz und den biologisch bzw. naturgemäss arbeitenden
Vereinigungen deutliche Unterschiede. Während vom ersteren
nützlingsschonende Präparate bevorzugt werden und wenn möglich
Mittel mit geringer Toxizität für Mensch und Umwelt, vertreten die anderen Gruppen keinen einheitlichen Standpunkt. Die
Skala reicht vom prinzipiellen Verzicht auf Insektizide über
die Verwendung pflanzlicher Insektizide (z.B. Pyrethrum-
Derris, Ryania) bis zum Einsatz von Pflanzenschutzpräparaten
auf organisch-synthetischer Grundlage einschliesslich bestimmter Organophosphorverbindungen und Carbamate.

Die Vertreter der biologisch-dynamischen Wirtschaftsweise bevorzugen überwiegend Mittel auf Pyrethrum-Basis. Auch wenn
durch den Zusatz synergistisch wirkender Stoffe bessere Bekämpfungserfolge erzielt wurden, stellen diese Präparate doch
eine sehr hohe Kostenbelastung für eine Obstanlage dar, insbesondere bei mehrmaligem Einsatz. Die fast ausschliessliche
Anwendung von Pyrethrum-Präparaten erfolgt auf Grund ihrer
weitgehenden toxischen Unbedenklichkeit. Es entstehen durch

pflanzliche Toxine kaum Rückstandsprobleme, da Licht- und
Lufteinflüsse stark abbauwirksam werden. Das breite Wirkungs-
spektrum, welches beissende und auch saugende Insekten um-
fasst, muss bei Pyrethrum als nachteilig angesehen werden.
Eine Nützlingsschonung im Sinne des Integrierten Pflanzenschutzes ist daher nicht zu erwarten, insbesondere dann nicht,
wenn es gegen alle Schädlinge mehrmals während der Vegetationsperiode eingesetzt wird.

Diese Tatsache verdeutlicht, dass der Integrierte Pflanzenschutz organisch-synthetische Präparate mit mehr spezifischer
Wirkung den Pyrethrum-Mitteln vorziehen sollte, es sei denn,
spezielle Forderungen (kurze Wartezeiten vor der Ernte u.a.)
lassen den Einsatz der Pyrethrine richtiger erscheinen. Im
Gegensatz zum Pyrethrum hat das Ryania (hergestellt aus
pflanzlichen Rohstoffen) eine hohe Selektivität gegen den
Apfelwickler und ist damit nützlingsschonend. Wäre dieses
Präparat in der Wirksamkeit bzw. Wirkungsdauer den organisch-
synthetischen Apfelwickler-Mitteln gleichzusetzen und damit
wirtschaftlicher, so hätte es auch für den Integrierten
Pflanzenschutz eine grosse Bedeutung. Die Verwendung von
pflanzlichen Ölemulsionen (z.B. Binom I und II) gegen einige
saugende Insekten ist bei den biologisch-dynamischen Arbeitsgruppen gebräuchlich. Vor- und Nachteile der Ölemulsionen sind im Pflanzenschutz hinreichend bekannt.

Einige Vereinigungen, z.B. die ANOG e.V., empfehlen im Gegensatz zu den Anhängern der biologisch-dynamischen Richtung noch andere Präparate, die eine ausreichende und wirksame Bekämpfung aller auftretenden Schädlinge und Krankheiten ermöglichen. Überprüft man diese Mittel, so fällt auf,
dass die Auswahl überwiegend nach den LD_{50}-Werten vorgenommen wurde.

Bei den Fungiziden steht den nach den Richtlinien der ANOG
e.V. arbeitenden Obstbauern eine grosse Auswahl an Präparaten zur Verfügung. Bedauerlicherweise blieben die Gesichtspunkte des Integrierten Pflanzenschutzes bezüglich der Nebenwirkungen (z.B. auf die Obstbaumspinnmilbe) unberücksichtigt.
Auch bei der Wahl der Insektizide sind die LD_{50}-Werte für die
ANOG e.V. das entscheidende Kriterium. Bevorzugte Wirkstoffe:
Bromophos, Carbaryl u.a. Vom Standpunkt des Integrierten Pflanzenschutzes aus gesehen ist der Einsatz des Wirkstoffes Carbaryl
nicht wünschenswert, da er bekanntlich eine deutliche Spinn-
milbenförderung verursacht. Ausserdem weist er eine hohe Giftigkeit gegen Nutzinsekten auf.

In Bezug auf die Herbizide werden von der ANOG e.V. die Wirkstoffe Paraquat und Deiquat empfohlen, bis vor einiger Zeit
auch noch Kombinationen aus Simazin + Amitrol in verminderter
Aufwandmenge. Der Integrierte Pflanzenschutz und die ANOG e.V.
stimmen in dieser Frage weitgehend überein, ersterer toleriert
jedoch noch weitere Blattherbizide (z.B. Wuchsstoffe).

Trotz der unterschiedlichen Auffassungen in Detailfragen wird
in einigen Obstanlagen, welche die Prinzipien des Intergrier-
ten Pflanzenschutzes anwenden, eine gute Zusammenarbeit zwi-

schen der ANOG e.V. und den Beratern des Integrierten Pflanzenschutzdienstes praktiziert. Während dort die Bodenpflege
und Düngung entsprechend den Richtlinien der ANOG e.V. erfolgen, beruhen die Pflanzenschutzmittel-Empfehlungen auf
Untersuchungen und Beobachtungen des zuständigen Pflanzen-
schutzberaters.

Die Erweiterung unserer Kenntnisse über den "trophischen"
Effekt und seine Bedeutung im Integrierten Pflanzenschutz,
den Einfluss von Pflanzenschutzmitteln auf die Biozönose
des Bodens und neue Untersuchungen über die Zusammenhänge
zwischen Bodenfruchtbarkeit, Humusversorgung und das Auftreten von Schaderregern, werden weiter dazu beitragen, unterschiedliche Meinungen zwischen den fortschrittlichen
Gruppen der biologisch bzw. naturgemäss arbeitenden Vereinigungen und dem Integrierten Pflanzenschutz abzubauen,
wobei letzterer jedoch die Aufgabe hat, stets deutlich darauf hinzuweisen, dass jede Obstanlage eine vom Menschen
aufgebaute Lebensgemeinschaft ist, die u.a. aus hochent-
wickelten Kulturpflanzen besteht und daher ohne regulierende
Einflüsse des Menschen, insbesondere ohne Anwendung chemischer Pflanzenschutzmittel, wirtschaftlich nicht leistungs-
fähig sein kann.

LITERATUR:

Fürst, L. 1969. Untersuchungen zur Erzeugung von Qualitäts-
obst. Organ. Landbau $\underline{1}$:7-8

Hitschfeld, O. 1972. Gesunder Boden - Gesunde Menschen.
Sonderdruck aus "Waerland Monatshefte" 2 und 3.

Anschrift des Verfassers: H. WUNDERMANN
                          Regierungspräsidium
                          Pflanzenschutzdienst
                          7500 KARLSRUHE
                          Amalienstrasse 25

15. *H. Steiner*
Beschleunigende und hemmende Faktoren bei der Entwicklung des Integrierten Pflanzenschutzes

Seit einigen Jahren wird da und dort behauptet, der Integrierte Pflanzenschutz sei - trotz mancherlei Lücken in seinen Grundlagen - praxisreif. Weshalb aber wird er noch kaum praktiziert? Die wenigen hundert Hektar Apfelanlagen, in denen er tatsächlich und mit Erfolg angewendet wird, zählen kaum angesichts der riesigen Anbauflächen allein in den Ländern der EG. Im Folgenden soll versucht werden, die Gründe dafür zu finden. Zuvor jedoch sind die **Gründe** zu nennen, die zu den Prinzipien integrierter Bekämpfungsverfahren geführt haben und deren beschleunigte Anwendung rechtfertigen.

1. Faktoren, welche die Entwicklung und Einführung beschleunigen

Zunächst standen - und stehen noch - biologische Gründe im Vordergrund. Erst später kamen toxikologische und fast gleichzeitig mit ihnen ökonomische Gesichtspunkte dazu. Heutzutage sieht man die Hauptbedeutung integrierter Verfahren gerne im Rahmen des Umweltschutzes. Weil jeder in irgendeiner Weise am Integrierten Pflanzenschutz Beteiligte die für ihn gerade passenden Teilbereiche herauspickt, begreifen oft weder die Produzenten landwirtschaftlicher Erzeugnisse, noch deren Verbraucher, noch die dazwischen liegenden Vermarkter, noch die Hersteller von Pflanzenschutz- und Düngemitteln was die integrierten Bekämpfungsverfahren im Ganzen eigentlich bedeuten. Manche erhoffen sich zuviel von ihnen, manche halten überhaupt nichts davon, manche **machen** sie durch Verdrehungen für ihre augenblicklichen Interessen passend und wieder andere fürchten sie wie die Pest.

a) Übervermehrung von Schadorganismen

Den ersten Anstoss für unsere Arbeiten gab die Übervermehrung der Obstbaumspinnmilben in den klimatisch wärmeren Obstbaugebieten anfangs der Fünfzigerjahre, in Gebieten, in denen die neuen synthetischen Insektizide für damalige Begriffe sehr intensiv angewendet wurden, z.B. in Südtirol oder im Wallis. Manche erkannten damals schon die Gefahren, die meisten der vielen Besucher aber sahen nur einen sehr fortschrittlichen Obstbau, der sie beeindruckte und der ihnen als Vorbild diente. Die Ursache der Spinnmilbenvermehrung erkannte man erst später. Es waren zwei Hauptursachen: Die starke Verminderung der natürlichen Spinnmilbenfeinde durch die sehr breit wirkenden Insektizide zur Bekämpfung des Apfelwicklers und die ausgesprochen vermehrungsfördernde Wirkung vieler Präparate, die sich sofort oder spätestens nach dem Abklingen ihrer Wirkung auf die Schädlinge bemerkbar machte.

b) Ungünstige Verschiebungen im Ökosystem

Jede Insektizidanwendung kann gleichzeitig verschiedenartige Auswirkungen zeigen: Der zu bekämpfende Schädling wird dezi-

miert, gleichzeitig aber auch seine natürlichen Feinde, und
in manchen Fällen wird die Vermehrung des Schädlings später
gefördert. Diesen Wirkungen unterliegen aber alle anderen
Schädlinge des Ökosystems und so können sich - zunächst unbe-
merkt - andere, früher relativ harmlose, unbedeutende durchsetzen. Dabei handelt es sich ausnahmslos um schwer bekämpf-
bare Schädlinge. Zwar verschwanden bis auf wenige Ausnahmen
die in den alten Büchern genannten Hauptschädlinge, doch
insgesamt war es ein schlechter Tausch.

c) Resistenz

Die neue Lage machte intensivere Spritzfolgen notwendig,
"vorsichtshalber" wurden prophylaktisch Insektizide gegen
alle potentiellen Schädlinge eingebaut, Präparate mit grosser
Breiten- und langer Dauerwirkung wurden bevorzugt. Prompt
gab es neue Überraschungen: Die Schädlinge begannen in wach-
sender Artenzahl gegen immer mehr Wirkstoffe resistent zu
werden. Zuerst war es die Obstbaumspinnmilbe mit ihrer raschen
Generationenfolge. Später folgten verschiedene Blattlausarten,
was wegen ihrer Funktion als Virusüberträger besonders be-
denklich war. Auch die San José-Schildlaus zeigt seit einiger
Zeit deutliche Anzeichen von Resistenz, doch wird damit die
Reihe nicht abgeschlossen sein.

d) Rückstandsprobleme

Durch die genannten Erscheinungen wurde der Pflanzenschutz
weder leichter noch billiger. Ein weiteres Problem kam noch
hinzu: Rückstände von Pflanzenschutzmitteln wurden als ge-
fährlich erkannt. Höchstmengen-Verordnungen und Vorschriften
für Wartezeiten wurden notwendig, die Auflagen für toxikologische Prüfungen der Präparate wurden verschärft und persi-
stente chlorierte Kohlenwasserstoffe verboten oder wenigstens
ihre Anwendung eingeschränkt. Diese Lösungen sind gut, aber
nicht so gut, dass sie alle Gefahren ausschliessen, was bei
der Verwendung jeder giftigen Substanz prinzipiell unmöglich
sein dürfte. Wer das verbleibende Risiko abstreiten will,
wird unglaubhaft.

e) Umweltbelastung, Kosten

Den Pflanzenschutz ungefährlicher und sicherer zu machen
sollte auf jeden Fall versucht werden. Das gilt nicht nur
bezüglich der menschlichen Gesundheit, sondern auch für die
Umwelt des Menschen. Die beträchtlichen Mengen synthetischer,
also naturfremder, in der Regel naturfeindlicher und oft
hochtoxischer Substanzen, die beim Spritzen und Sprühen
am vorgesehenen Ziel vorbeifliegen, auf den Boden gelangen,
in der Luft verdampfen, vom Regen in den Boden geschwemmt
werden, verschwinden nicht einfach, auch wenn später beispielsweise der Apfel, die Erdbeere oder der Kohl bei der
Ernte kaum mehr Rückstände aufweisen. Auch daran sollte bei
jeder Behandlung gedacht werden.

Ausserdem ist zu hoffen, dass die Pflanzenschutzkosten nicht
weiter ansteigen sondern eher abnehmen. Das ist nur möglich,
wenn die oben genannten neu entstandenen Schwierigkeiten

wieder abgebaut werden können und wenn es künftig seltener
zu ökologischen Komplikationen dieser Art kommt. Denn diese
stellen nicht nur den Landwirt vor Probleme, die er zunächst
nur mit einem gewissen finanziellen Aufwand lösen kann, auch
der Berater wird unsicher, und von Chemikern ist zu vernehmen,
dass es immer seltener gelingt, einen neuen Wirkstoff zu finden. Was wäre also zu tun, wenn immer mehr Schädlinge immer
resistenter würden? Und wenn dazu noch die Resistenzerscheinungen bei den Pflanzenkrankheiten zunehmen würden?

Weil auf diese Fragen der Integrierte Pflanzenschutz eine -
sicher nicht die einzige - Antwort geben kann, ist die
nächste Frage berechtigt, die nun näher untersucht werden
soll: Warum setzen sich integrierte Bekämpfungsverfahren nicht
schneller in der Praxis durch?

2. Faktoren, welche die Entwicklung und Einführung hemmen.

Die Ursachen, die eine rasche Entwicklung integrierter Verfahren für die verschiedenen **Kulturpflanzenbestände** und danach ihre praktische Anwendung bremsen, sind recht verschiedener Art. Sie liegen auf biologischem, ökonomischem, psycho-
logischem und marktwirtschaftlichem, **also fast schon politi-
schem** Gebiet.

A. Biologische Ursachen

a) Noch weisen unsere Kenntnisse der Dynamik von Ökosystemen
unter dem Einfluss der praktizierten Massnahmen des Pflan-
zenbaues und des Pflanzenschutzes empfindliche Lücken auf.
Sie zu schliessen wird wohl kaum jemals möglich sein, sie lassen sich aber in zeitraubender Forschungsarbeit Schritt für
Schritt verkleinern. Am meisten fehlen uns ausreichend prä-
zise Anhaltspunkte für den Einfluss der natürlichen Feinde
auf ihre Wirts- oder Beutetiere im Freiland. Deshalb ist es
noch nicht möglich, die wirtschaftlichen Schadensschwellen,
die im Integrierten Pflanzenschutz eine Schlüsselposition ein-
nehmen, bei der Anwesenheit von **Nützlingen** optimal festzulegen.

b) Solche Lücken gibt es aber auch bezüglich mancher Schädlinge, darunter sind sogar wirtschaftlich recht bedeutende.
Wüssten wir mehr über ihr Frassverhalten unter verschiedenen
Bedingungen und über die Faktoren, die ihre Vermehrungsge-
schwindigkeit beeinflussen, könnten wir zuverlässigere Prognosen stellen und die Bekämpfung wesentlich verbessern.

c) **Am** wenigsten ist von den "indifferenten" Arthropoden der
Ökosysteme bekannt. Sie stellen - wenigstens im Apfelanbau -
rund die Hälfte der Individuen solcher Systeme und sind sicher
nicht ohne Bedeutung. Zumindest haben sie Einfluss auf den
Grad der Stabilität der Ökosysteme.

d) Über die Wirkung von Pflanzenschutzmitteln auf Schädlinge
ist genügend bekannt, Angaben darüber sind in den Verzeich-
nissen der zugelassenen Präparate enthalten. Will man sich
über die Wirkung dieser Stoffe auf Nützlinge oder gar auf
Indifferente informieren, stösst man auf Schwierigkeiten.

Es ist erfreulich, dass sich die Biologische Bundesanstalt entschlossen hat, auf diesem Gebiet für Besserung zu sorgen. Denn gerade die Unkenntnis dieser unerwünschten Wirkungen, die gerne als Nebenwirkungen bezeichnet werden, führt oft zu überraschend auftretenden Massenvermehrungen von Schädlingen oder zu "neuen" Schädlingen. Spinnmilben, Blattläuse und vor allem Kleinschmetterlinge sind Beispiele solcher Vorgänge.

e) Untersuchungen über die Zusammenhänge zwischen dem physiologischen Zustand der Kulturpflanze und dem Ausmass der von bestimmten Schädlingen verursachten Schäden oder auch der Vermehrungsrate dieser Schädlinge beginnen erst. Kenntnisse darüber sind aber eine der Voraussetzungen für die zweckmässige Anwendung mancher Kulturmassnahmen.

f) Was bisher für die Tiere des Ökosystems erwähnt wurde, gilt erst recht für Viren, schädliche Bakterien und Pilze und auch für Unkräuter. Wir hoffen sehr, dass die künftige Beteiligung von Botanikern, insbesondere von Mykologen und Ökologen am Integrierten Pflanzenschutz beträchtliche Fortschritte bringt.

B. Ökonomische Ursachen

Gemeint sind damit Tatsachen, die mit dem Staatshaushalt zusammenhängen. Es gilt wohl für alle Länder, wenigstens innerhalb der EG, dass die für die in diesem Zusammenhang notwendigen Aufgaben zur Verfügung stehenden Geldmittel knapp bemessen sind.

a) Oft gelingt es nur durch die Mobilisierung verschiedenster Geldquellen, kleine Gruppen von Wissenschaftlern zu bilden, wie sie zur Entwicklung neuer Bekämpfungsverfahren erforderlich sind. Der zeitliche Bestand solcher Teams, die erst nach gründlicher Einarbeitung effektiv werden können (Entwicklungszeit des Integrierten Pflanzenschutzes im Apfelanbau ca. 15 Jahre), ist durch die diffuse Finanzierung ständig in Frage gestellt. Abgesehen davon ist die Zahl der beispielsweise an den Arbeitsgruppen der IOBC annähernd ausnahmslos beteiligten Wissenschaftler angesichts der zu bewältigenden Aufgaben viel zu klein.

b) Aus denselben finanziellen Gründen ist es nur selten möglich, spezielle Berater für integrierte Verfahren zu bekommen. Nach unseren Erfahrungen in mehreren europäischen Ländern muss deshalb versucht werden, einen Teil des ohnehin schon spärlich bemessenen staatlichen Beratungsdienstes zusätzlich mit diesen Aufgaben zu betrauen. Bei der zunehmenden Spezialisierung der Landwirtschaft ist das aber nur bedingt möglich.

c) Unter den augenblicklichen Bedingungen scheint nur ein Ausweg möglich zu sein: Die Ausbildung der Landwirte selbst, was natürlich nur einen Sinn hat, wenn deren Berater ebenfalls geschult werden. In kleinem Rahmen ist das mit Erfolg möglich. Sollte die Nachfrage nach solcher Ausbildung grösser werden und wird diese Tendenz vom Staat gefördert, wie das zur Zeit

im Rahmen der Umweltschutzprogramme der Fall ist, reichen
die Ausbilder nicht mehr aus. Weil vorerst die Ausbildung
nur durch die spezialisierten Wissenschaftler erfolgen kann,
wird zwangsläufig die Arbeit an weiteren Grundlagen für
dieses Verfahren verzögert oder zeitweilig völlig unterbunden.

C. Psychologische Ursachen

a) Die Einführung integrierter Verfahren wird paradoxerweise
durch den gemeinsamen Erfolg der staatlichen Beratung und
der Industrie-Beratung in den letzten 25 Jahren erheblich
erschwert. Die Gründe dafür sind, wenn Emotionen irgendwel-
cher Art ausgeschlossen werden, nur schwer verständlich.
Sicher soll man Neuerungen gegenüber zunächst skeptisch sein.
Der Integrierte Pflanzenschutz sollte aber nicht als Alternati-
ve zum bisherigen, konventionellen Pflanzenschutz aufgefasst
werden oder so, als handle es sich dabei überhaupt nicht mehr
um Pflanzenschutz. Eine solche Auffassung liesse darauf schlies
sen, dass als Pflanzenschutz nur chemischer Pflanzenschutz
verstanden wird. In Wirklichkeit handelt es sich um einen Ent-
wicklungsschritt, um eine Verfeinerung der bisherigen Bekämpfungsmethoden. Dadurch unterscheidet er sich - und das
sei zugegeben - vom konventionellen Prinzip, das eine Vereinfachung, eine Mechanisierung, eine Egalisierung anstrebt. Ob
solche Ziele erstrebenswert sind oder ob man sich ihnen
überhaupt nähert, steht dahin. Noch immer gibt es die verschiedensten Empfehlungen amtlicher Stellen, und jede
Pflanzenschutzmittelfirma gibt ihre eigene, von ihrer augenblicklichen Präparate-Palette abhängige Empfehlung.
Von einer gewissen Einheitlichkeit des Pflanzenschutzes ist
nichts zu bemerken, denn was der Landwirt tatsächlich spritzt,
steht ihm frei und bleibt meist unbekannt. Dass jede dieser
Empfehlungen für die einzelnen Pflanzungen nicht optimal wenn
nicht gar falsch ist, lässt sich leicht denken.

b) Die zweite hemmende Ursache psychologischer Art liegt auf
anderer Ebene. Es ist die Angst vor der "Diskriminierung"
jener landwirtschaftlichen Produkte, die keinen Integrierten
Pflanzenschutz erhalten. Diese Angst wird in verschiedenen
Kreisen gehegt und gepflegt und ist nicht anders zu begründen
als durch mangelnde Kenntnisse der integrierten Verfahren
und der Möglichkeiten ihrer Einführung in die Praxis. Nicht
immer muss das Bessere des Guten Feind sein, es kann auch
der Anstoss dazu sein, das Gute besser zu machen. Es ist be-
dauerlich, dass oft nur an den Marktpreis der Ware gedacht
wird, wenn über Pflanzenschutz gesprochen wird. Ein solcher
Standpunkt mag für den Landwirt angemessen sein, der sich
wenig Gedanken über die langfristigen Auswirkungen dieses
oder jenes Pflanzenschutzprinzips machen kann. Wer aber den
Fortschritt sucht und die Sicherung einer wirtschaftlichen
Produktion auch in den nächsten Jahren wünscht, sollte die
Dinge realer sehen.

D. Marktwirtschaftliche Ursachen

a) Alle Aufklärung über die "nach dem augenblicklichen Stand
der Kenntnisse" nicht vorhandene Gefahr durch Pflanzenschutz-

mittel-Rückstände wird die Konsumenten nicht davon abbrin-
gen, "ungespritzte" landwirtschaftliche Produkte zu verlan-
gen. Dazu tragen schon gelegentlich Pannen bei, die zu Höchst-
mengenüberschreitungen führen (so im Winter 1971/72 bei Sa-
lat bis zum 80-fachen der zugelassenen Höchstmengen) oder
auch Verlängerungen der Wartezeiten, die vorher als ausreichend
betrachtet wurden, oder Einschränkungen bei der Verwendung von
Präparaten, die vorher als unbedenklich gegolten haben. Auch
bleibt die Frage, weshalb es spezielle Bestimmungen für Diät-
Nahrungsmittel gibt, wenn die "normalen" Produkte völlig ge-
fahrlos für die menschliche Gesundheit sind. So ist es verständlich, dass die grossen Absatzmärkte und Kettenläden
eine "interessante Marktlücke" entdeckt haben, die sie so
schnell wie möglich stopfen wollen. Dass es dabei zu mitun-
ter höchst unerfreulichen Vorgängen kommt, die den Pflanzenschutz allgemein und speziell den Integrierten Pflanzenschutz
schwer schädigen können, haben wir leider nur zu gut erfahren. Die eigentlichen Fachleute haben auf solche Dinge nur
wenig Einfluss und am wenigsten dann, wenn sie ihre Interessen
und Aktivitäten streng auf die Produktion beschränken. In diesem Fall könnten sie das ganze Verfahren an den Markt ver-
lieren, der es der Grösse der Marktlücke anpasst, also nach
Belieben verwässert.

Ein ständiger Anlass zu Meinungsverschiedenheiten zwischen verschiedenen Gruppen von Interessenten waren bisher die von den
verschiedenen Grossmärkten und von ihren Abnehmern benützten
Bezeichnungen für Obst und Gemüse aus vertraglich an die Märkte
gebundenen Betrieben, in denen der Integrierte Pflanzenschutz
bereits praktiziert wird. Wären solche Bezeichnungen den Tatsachen entsprechend formuliert und weniger nebulos und nichts-
sagend, hätte es weniger Differenzen gegeben.

Gelegentlich wird aus Vorkommnissen dieser Art die Forderung
abgeleitet, die Bezeichnung "Integrierter Pflanzenschutz"
überhaupt vom Markt fernzuhalten. Das aber liegt längst nicht
mehr im Bereich unserer Möglichkeiten und wird angesichts der
sonst benützten Phantasiebezeichnungen auch nicht mehr ge-
wünscht. Schliesslich wird man nicht ernstlich verbieten wollen, die Wahrheit zu sagen. Unser Bemühen ist es, zu verhindern, dass unwahre oder unsichere Behauptungen mit dem Begriff
"Integrierter Pflanzenschutz" verknüpft werden.

Wenn der Wunsch ernst gemeint ist, integrierte Methoden in der
ganzen Landwirtschaft einzuführen, darf nicht verlangt werden,
dies müsse aus marktwirtschaftlichen Gründen gleichzeitig und
dann möglichst in allen EG-Ländern erfolgen. Das hiesse die
Einführung integrierter Bekämpfungsverfahren von vornherein
verhindern. Dasselbe würde die gelegentlich zu hörende Behauptung bedeuten, man triebe doch schon seit vielen Jahren integrierten Pflanzenschutz, wenn auch unter einer anderen Bezeichnung. Der Name freilich ist unwesentlich, doch wenn das Prinzip nicht stimmt, ist es eben kein der Definition entsprechender Integrierter Pflanzenschutz.

Wir waren früher der Ansicht, dass der Integrierte Pflanzenschutz dem Landwirt durch billigere Spritzfolgen finanzielle

Vorteile bringt. Das stimmt zwar immer noch, doch müssen wir jetzt ergänzen, dass dieser Gewinn durch die für die notwendige Überwachung der Pflanzungen notwendige Zeit z.T. wieder verlorengeht. Anders wäre es, wenn die Überwachungsaufgaben vom Beratungsdienst übernommen werden könnten, wie es ursprünglich vorgesehen war. Soll nun gerade jenen Landwirten, die sich der für sie ungewohnten, im Grunde mehr wissenschaftlichen Arbeit faunistischer Untersuchungen unterwerfen, zu de sie in freiwillig besuchten Kursen angeleitet worden sind, ein gewisser **Mehrerlös** versagt bleiben? Ein nicht unwesentlicher Anreiz zur Anwendung dieser Verfahren fiele dann weg.

Dadurch, dass sich jeder Landwirt schulen lassen kann, sofern die Methoden für die betreffende Kulturpflanze praxisreif sind und fachkundige Berater zur Verfügung stehen, ist der Verdacht unbegründet, eine kleine, auf Exklusivität bedachte Gruppe von Landwirten wolle sich in den Genuss finanzieller Vorteile auf Kosten anderer bringen.

Damit wären die wichtigsten Widerstände genannt, die wir bei dem Versuch der Einführung integrierter Bekämpfungsverfahren in die Praxis kennengelernt haben. Sie werden von Fall zu Fall verschieden sein, doch ist zu befürchten, dass immer die nicht fachlichen, psychologischen, **emotionalen Faktoren** die Hauptrolle spielen. Die Biologen, auf diesen Gebieten meist wenig erfahren, sollten trotzdem versuchen, die Initiative zu behalten und die Kontrolle der von ihnen entwickelten Verfahren nicht ohne zwingenden Grund aus der Hand zu geben.

Anschrift des Verfassers: Dr.H.STEINER
Landesanstalt für Pflanzenschutz
7000 STUTTGART 1
Reinsburgstr. 107

Verzeichnis der Tier- und Pflanzennamen

92

VERWANDTE LITERATUR

Grundlagen der Insektenpathologie

Viren-, Rickettsien- und Bakterien-Infektionen
(Wissenschaftliche Forschungsberichte, Reihe I, Band 69)
Von Dr. *A. Krieg*, Darmstadt
XVIII, 304 Seiten, 33 Abb., 3 Schemata, 6 Tab. 1961. DM 65,–

Inhalt: *Allgemeiner Teil*, Sterilität othologischer Zellgewebe und Kontinuität der Keime – Symbiose – Pathobiose (Infektionskrankheiten) – *Spezieller Teil*, Virus – Protophyta Sachs – Verzeichnis der Infektionen – Wirts-Register – Erreger-Register.

Zelle und Gewebe

Eine Einführung für Mediziner und Naturwissenschaftler
Von Prof. Dr. *H. Sajonski* und Dr. *A. Smollich*, Berlin
2. Auflage. VIII, 274 Seiten, 169 Abb. 1973. DM 36,–

Inhalt: Einleitung – Untersuchungsmethoden – Chemischer Aufbau der lebenden Materie – Die Zelle – Die Interzellularsubstanzen – Die Gewebe – Literaturhinweise – Sachregister.

Grundlagen der Lebensmittelmikrobiologie

Von Doz. Dr. *G. Müller*, Berlin
2. Auflage. 220 Seiten, 60 Abb., 24 Tab. 1975. Ca. DM 28,–

Inhalt: *Allgemeine Mikrobiologie:* Wichtigste Mikroorganismengruppen (Bakterien, Pilze, Viren) – Physiologie und Biochemie der Mikroorganismen (Ernährung, Chemische Bestandteile der Zelle, Stoffwechsel) – *Verfahrensgrundlagen zur Erhaltung von Lebensmitteln:* Allgemeine Grundlagen – Anwendung hoher Temperaturen – Anwendung tiefer Temperaturen – Wasserentzug (Trocknung) – Strahlenbehandlung – Chemische Konservierung.

Mikrobiologie pflanzlicher Lebensmittel

Von Doz. Dr. *G. Müller*, Berlin
324 Seiten, 83 Abb., 4 Farbtafeln, 39 Tab. 1974. DM 42,–

Inhalt: Einleitung – Obst und Obsterzeugnisse – Gemüse und Gemüseerzeugnisse – Kartoffeln – Speisepilze – Zucker, Süßwaren, Honig – Getreide, Mehl, Backwaren, Stärke – Fette, Öle und fettreiche Lebensmittel – Gewürze – Trinkwasser – Alkoholfreie Erfrischungsgetränke – Alkoholische Getränke – Kaffee, Tee, Kakao, Tabak – Nutzung von Mikroorganismen zur Gewinnung von organischen Säuren, Fetten, Aminosäuren und Proteinen, Enzymen und Vitaminen – Gewinnung und Verwertung von Algen und Algenprodukten für Nahrungs- und Futterzwecke.

DR. DIETRICH STEINKOPFF VERLAG · DARMSTADT

Made in the USA
Monee, IL
07 May 2026

49715347R00066